"十四五"职业教育国家规划教材

U0358361

基因操作技术

鞠守勇　主编

JIYIN
CAOZUO
JISHU

化学工业出版社

·北京·

内 容 简 介

　　《基因操作技术》按照企业真实岗位设置来编写项目，即计算机模拟构建重组载体→总 DNA、质粒、mRNA 和 cDNA 的提取、检测和制备→体外扩增目的基因→构建含有外源基因的重组载体→重组载体转化大肠杆菌→目的基因在大肠杆菌中的表达及纯化等，最后以新型冠状病毒核衣壳蛋白的表达为例，设计了一个模拟的客户订单，编排成一个综合性大实验。每一个项目既相对独立又彼此紧密相连，通过这些项目的实施，学生可以熟练掌握最基本的基因操作技术，并建立一个比较全面系统的工作程序框架。依照职业教育行动导向教学需要，将每个项目分成"学习目标""项目简介""项目引导""项目实施""复盘提升"和"项目拓展"六个部分，其中"项目实施"中的"拟定计划""材料准备""任务记录""项目交付"以及"复盘提升"以《项目学习工作手册》的形式呈现，注重思政与职业素养教育，全面贯彻党的教育方针，落实立德树人根本任务，在教材中有机融入党的二十大精神。此外，本书配有丰富的数字化资源，可扫描二维码观看学习；电子课件可从 www.cipedu.com.cn 下载参考。

　　本教材不仅适用于高职高专生物技术等相关专业学习，也可作为基因操作相关人员及医学生物技术PCR 检测工（1＋X 证书）、核酸检测员的主要参考书籍。

图书在版编目（CIP）数据

基因操作技术/鞠守勇主编. —北京：化学工业
出版社，2020.10（2024.11重印）
高职高专系列规划教材
ISBN 978-7-122-37449-3

Ⅰ.①基… Ⅱ.①鞠… Ⅲ.①基因工程-高等
职业教育-教材　Ⅳ.①Q78

中国版本图书馆 CIP 数据核字（2020）第 134117 号

责任编辑：迟　蕾　李植峰　　　　　文字编辑：李　佩　陈小滔
责任校对：李雨晴　　　　　　　　　装帧设计：王晓宇

出版发行：化学工业出版社（北京市东城区青年湖南街 13 号　邮政编码 100011）
印　　刷：北京云浩印刷有限责任公司
装　　订：三河市振勇印装有限公司
787mm×1092mm　1/16　印张 15¼　字数 371 千字　2024 年 11 月北京第 1 版第 4 次印刷

购书咨询：010-64518888　　　　　　售后服务：010-64518899
网　　址：http://www.cip.com.cn
凡购买本书，如有缺损质量问题，本社销售中心负责调换。

定　　价：46.00 元

《基因操作技术》编写人员

主　　编：鞠守勇（武汉职业技术学院）

副 主 编：曹志林（河南工程学院）

　　　　　汪　峻（湖北生物科技职业学院）

　　　　　鞠　琳（山东医学高等专科学校）

参编人员：

　　　　　刘　颖（辽宁医药职业学院）

　　　　　尹　喆（武汉职业技术学院）

　　　　　郑　楠（武汉职业技术学院）

　　　　　韦淑亚（武汉职业技术学院）

　　　　　王晓宇（广东生态工程职业学院）

　　　　　吕　平（天津职业大学）

　　　　　李晓红（北京农业职业学院）

　　　　　刘星宇（湖北省妇幼保健院）

　　　　　胡玉海（武汉市汉口医院）

　　　　　周　丹（汉川市人民医院）

　　　　　王　辉（老河口市第一医院）

　　　　　邱秀芹（苏州卫生职业技术学院）

　　　　　闫金红（聊城职业技术学院）

　　　　　高建华（江西医学高等专科学校）

主　　审：陈红杰（广东轻工职业技术学院）

前 言

2020 年 2 月 13 日，国务院印发了《国家职业教育改革实施方案》，对职业教育提出了全方位的改革设想，提出了"三教"（教师、教材、教法）改革的任务。教材是教学内容的支撑和依据，也是人才培养的重要载体。

基因操作技术是现代生物技术的基础技术之一，也是生物技术类专业核心课程之一。本教材按照基因操作的流程，设计了八个相对独立的项目；最后以新型冠状病毒的核衣壳蛋白（N 蛋白）为实例，编排成一个综合性实训项目，在这个综合性实训项目中，每一步既相对独立又与下一步紧密相连，达到全面综合提升基因操作的技能目的。每个项目分成"学习目标""项目简介""项目引导""项目实施""复盘提升"和"项目拓展"六个部分。"学习目标"明确知识目标、技能目标和思政目标；"项目简介"介绍项目的背景知识，目的是激发学生的学习兴趣；"项目引导"介绍项目实施中必要的专业知识和技能；"项目实施"中融入了视频及信息化资源，使枯燥的技术变得形象生动，可扫描二维码学习观看，"项目实施"中的"拟定计划""材料准备""任务记录""项目交付"以及"复盘提升"是以《项目学习工作手册》新形态形式呈现，"复盘提升"环节中让学生复盘自己的技能操作，着力培养学生分析解决问题的能力，"项目拓展"扩充项目的知识维度，介绍一些前沿的知识技能。全书以新冠病毒蛋白表达为载体构建教学内容，充分体现我国在新冠防治中取得的巨大成就和一切为民的治国理政理念与责任担当。教材在每个项目的"学习目标"中专门根据项目的专业内容提出了"思政与职业素养目标"，有针对性地引导与强化学生的职业素养培养，践行党的二十大强调的"落实立德树人根本任务，培养德智体美劳全面发展的社会主义建设者和接班人"，坚持为党育人、为国育才，引导学生爱党报国、敬业奉献、服务人民。教材模拟企业生产实际设计工作任务流程和任务工单，有助于引导与培养学生的"工匠精神"。本书配有电子课件，可从 www.cipedu.com.cn 下载参考。

本教材是在 2020 年武汉经历新型冠状病毒疫情期间完成的。编者为来自教学一线和产业一线的教师和工程师，既有扎实的理论功底，也有丰富的实践经验。本教材得到编者所在单位的大力支持，除此之外，程文［普健生物（武汉）科技有限公司］、费小战［福因德科技（武汉）有限公司］、李军（武汉爱博泰克生物科技有限公司）为本教材提供了大量的企业真实项目素材，在此一并表示感谢。

基因操作技术发展迅速，加之编者水平有限，时间比较仓促，书中难免存在疏漏和不足之处，殷切希望读者指正（主编联系邮箱：27062103@qq.com），不胜感激。

编者

目 录

绪论

【学习目标】 ·· 1
一、基因操作技术的基本概念 ····························· 1
二、基因操作技术的过程和内容 ························· 2
三、基因工程的诞生与发展 ······························· 3
四、基因工程的应用 ·· 6

项目一　计算机模拟构建重组载体

【学习目标】 ·· 10
【项目简介】 ·· 10
【项目引导】 ·· 10
一、核酸数据库 ··· 11
二、UniProt 蛋白质数据库 ································ 11
【项目实施】 ·· 14
任务一　数据库中查找 SARS-CoV-2 N 基因序列 ······ 14
任务二　SnapGene 模拟构建 pET28a(＋)-N 重组载体 ······ 15
【复盘提升】 ·· 20
【项目拓展】 ·· 20
一、生物信息学 ··· 20
二、序列比对与 BLAST ····································· 21

项目二　总 DNA 的提取和检测

【学习目标】 ·· 23
【项目简介】 ·· 23
一、CTAB 法提取植物细胞染色体 DNA ················ 23
二、SDS 法抽提总 DNA ···································· 24
【项目引导】 ·· 24
一、核酸的分子组成 ··· 24
二、DNA 的结构 ··· 24
三、核酸浓度的测定方法 ··································· 26

四、凝胶电泳技术 ·· 28

五、核酸的保存 ·· 31

【项目实施】 ·· 32

　　任务一　SDS 法提取细菌总 DNA ····················· 32

　　任务二　紫外分光光度计测定总 DNA 浓度 ············· 33

　　任务三　琼脂糖凝胶电泳检测总 DNA ················· 33

【复盘提升】 ·· 34

【拓展知识】 ·· 34

　　一、样品的采集和保存 ·································· 34

　　二、酚氯仿法提取全血 DNA ························· 35

　　三、CTAB 法提取植物 DNA ························· 37

项目三　质粒的提取及检测

【学习目标】 ·· 38

【项目简介】 ·· 38

【项目引导】 ·· 40

　　一、载体 ·· 40

　　二、质粒载体 ·· 40

　　三、质粒载体的种类 ···································· 41

　　四、标记基因 ·· 44

【项目实施】 ·· 47

　　任务一　碱裂解法提取大肠杆菌质粒 ··················· 47

　　任务二　紫外分光光度计测定质粒浓度 ················· 47

　　任务三　琼脂糖凝胶电泳检测质粒 ····················· 47

【复盘提升】 ·· 48

【项目拓展】 ·· 48

　　一、乳糖操纵子 ·· 48

　　二、常用大肠杆菌表达载体 ···························· 49

项目四　mRNA 提取和 cDNA 制备

【学习目标】 ·· 56

【项目简介】 ·· 56

【项目引导】 ·· 57

　　一、RNA 概述 ··· 57

　　二、RNA 的种类和功能 ································· 57

　　三、RNA 的结构与功能 ································· 58

　　四、RNA 的生物合成与加工 ··························· 61

　　五、RNA 提取方法 ····································· 61

【项目实施】 ··· 62

    任务一　Trizol 法提取动植物总 RNA ·· 63

    任务二　变性琼脂糖凝胶检测总 RNA ·· 63

    任务三　mRNA 提取 ··· 64

    任务四　cDNA 合成技术 ··· 65

【复盘提升】 ··· 66

【项目拓展】 ··· 66

    一、植物病毒 RNA 提取 ·· 66

    二、cDNA 的制备 ··· 66

项目五　体外扩增目的基因

【学习目标】 ··· 71

【项目简介】 ··· 71

【项目引导】 ··· 71

    一、DNA 的生物合成 ·· 71

    二、PCR 的原理 ··· 73

    三、DNA 聚合酶 ·· 75

    四、PCR 引物设计 ·· 76

    五、PCR 反应体系 ·· 77

【项目实施】 ··· 78

    任务一　引物设计 ··· 78

    任务二　模板 DNA 提取 ··· 81

    任务三　PCR 扩增目的片段 ·· 81

    任务四　琼脂糖凝胶电泳检测 PCR 产物 ·································· 82

    任务五　回收 PCR 产物 ·· 82

【复盘提升】 ··· 83

【项目拓展】 ··· 83

    一、RT-PCR ··· 83

    二、PCR 技术的应用 ·· 84

    三、DNA 人工合成技术 ·· 85

项目六　构建含有外源基因的重组载体

【学习目标】 ··· 87

【项目简介】 ··· 87

【项目引导】 ··· 88

    一、工具酶 ·· 88

    二、提高重组率的方法 ··· 94

【项目实施】 ··· 94

任务一　DNA 片段和质粒的双酶切 ······················ 94

任务二　酶切产物的胶回收 ···························· 96

任务三　DNA 片段和载体 DNA 的连接 ·················· 96

【复盘提升】 ·· 97

【项目拓展】 ·· 97

一、cDNA 末端快速扩增技术 ·························· 97

二、一步法克隆 ···································· 100

项目七　重组载体转化大肠杆菌

【学习目标】 ·· 103

【项目简介】 ·· 103

【项目引导】 ·· 104

一、感受态细胞 ···································· 104

二、转化方法 ······································ 104

三、重组子的筛选策略 ······························ 105

【项目实施】 ·· 106

任务一　E.coli 感受态细胞的制备 ···················· 107

任务二　热激法转化 E.coli ·························· 107

任务三　转化子的筛选——菌落 PCR ·················· 107

任务四　转化子的鉴定——酶切验证 ·················· 108

任务五　转化子的鉴定——测序及比对 ················ 108

【复盘提升】 ·· 110

【项目拓展】 ·· 110

一、常用表达宿主 ·································· 110

二、动植物细胞的转化 ······························ 113

三、DNA 测序 ······································ 115

四、CRISPR-Cas9 ·································· 116

项目八　目的基因在大肠杆菌中的表达及纯化

【学习目标】 ·· 119

【项目简介】 ·· 119

【项目引导】 ·· 120

一、翻译 ·· 120

二、Ni-亲和色谱法纯化融合蛋白 ···················· 121

三、SDS-聚丙烯酰胺凝胶（SDS-PAGE）电泳 ·········· 122

【项目实施】 ·· 124

任务一　目的基因在大肠杆菌中的诱导表达 ············ 124

任务二　可溶性重组蛋白质的提取 ···················· 125

　　任务三　SDS-聚丙烯酰胺凝胶电泳鉴定目的蛋白 ………………………… 126

　　任务四　重组蛋白质缓冲液的置换及保藏 ………………………………… 128

　　任务五　重组蛋白质浓度测定 ……………………………………………… 128

【复盘提升】 …………………………………………………………………………… 129

【项目拓展】 …………………………………………………………………………… 129

　　一、包涵体的提取 …………………………………………………………… 129

　　二、影响外源基因的高效表达的因素 ……………………………………… 132

　　三、蛋白质印迹法 …………………………………………………………… 133

　　四、蛋白质序列测定 ………………………………………………………… 135

项目九　综合性生产实训——以新型冠状病毒核衣壳蛋白的表达为例

【学习目标】 …………………………………………………………………………… 137

【项目简介】 …………………………………………………………………………… 137

【项目引导】 …………………………………………………………………………… 138

　　一、接单评估 ………………………………………………………………… 138

　　二、方案设计 ………………………………………………………………… 138

　　三、项目执行 ………………………………………………………………… 138

　　四、产品交付 ………………………………………………………………… 139

【项目实施】 …………………………………………………………………………… 139

【产品交付】 …………………………………………………………………………… 144

　　一、产品综合报告 …………………………………………………………… 144

　　二、交货单 …………………………………………………………………… 144

附录

　　一、常用仪器设备及使用 …………………………………………………… 146

　　二、基因操作技术常用溶液的配制 ………………………………………… 152

　　三、常用核酸蛋白质换算数据 ……………………………………………… 156

参考文献

绪 论

学习目标

1. 知识目标

（1）掌握基因的基本概念。

（2）掌握基因操作技术的基本流程。

（3）了解基因操作技术的应用。

2. 思政与职业素养目标

（1）了解基因操作技术的诞生、发展与应用，增强专业自豪感。

（2）了解我国在基因工程领域取得的巨大成就，强化爱国情怀，树立科技报国的信念。

（3）关注社会问题，养成质疑求实的科学态度。

（4）面对媒体及他人关于基因工程安全性的质疑，能够运用自己的知识进行辨析，具备客观公正的评价能力。

一、基因操作技术的基本概念

基因操作技术是指将一种生物体（供体）的基因与载体在体外进行拼接重组，然后转入另一种生物体（受体）内，使之按照人们的意愿稳定遗传并表达出新产物或新性状的 DNA 体外操作程序，也称为分子克隆技术。供体、受体、载体是基因操作技术的三大基本元件。基因操作技术的同义词有重组 DNA 技术、分子克隆技术等，不过这些名词各有侧重点。

基因

基因工程分为狭义的基因工程和广义的基因工程。狭义的基因工程（基因操作技术）是指将一种生物体（供体）的基因与载体在体外进行拼接重组，然后转入另一种生物体（受体）内，使之按照人们的意愿稳定遗传，表达出新产物或新性状。重组 DNA 分子需在受体细胞中复制扩增，故还可将基因操作技术称作为分子克隆（molecular cloning）或基因克隆（gene cloning）。

广义的基因工程是指重组 DNA 技术的产业化设计与应用，包括上游技术和下游技术两大组成部分。上游技术指的是基因重组、克隆和表达的设计与构建（重组 DNA 技术）；而下游技术则涉及基因工程菌或细胞或基因工程生物体的大规模培养以及基因产物的分离纯化过程。广义的基因工程概念更倾向于工程学的范畴。上游重组 DNA 的设计必须以简化下游操作工艺和装备为指导思想，下游过程则是上游重组蓝图的体现与保证。

从实质上讲，基因工程强调了外源 DNA 分子的新组合被引入到一种新生物中进行繁殖。这种 DNA 分子的新组合是按工程学的方法进行设计和操作的，赋予了基因工程跨越天然物种屏障的能力，克服了固有的生物种间限制，带来了定向改造生物的可能性，这是基因工程最大的特点。

二、基因操作技术的过程和内容

1. 基因操作技术的基本过程

基因操作技术的
过程和内容

基因操作技术可分为"重组细胞的构建"以及"基因表达产物的生产"两大部分。"重组细胞的构建"主要涉及基因操作技术，主要在实验室完成（图 0-1），基本过程如下。

① PCR 扩增或人工合成外源基因 DNA，用限制性内切酶分别将目的 DNA 和载体切开（简称"酶切"）。

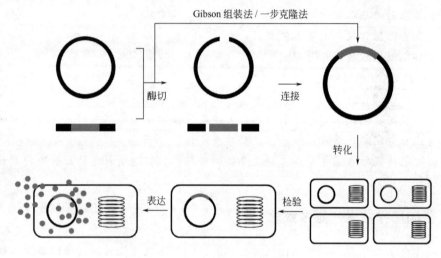

图 0-1   基因操作的基本过程

② 用 DNA 连接酶将含有外源基因的 DNA 片段接到载体分子上，构成重组 DNA 分子（简称"连接"）；或者直接用聚合酶链式反应（PCR）扩增目的基因，采用 Gibson 组装法（一步克隆法）直接与线性化载体实现体外组装。

③ DNA 重组分子导入受体细胞中（简称"转化"）。

④ 鉴定并筛选出经过转化处理的细胞，获得外源基因稳定表达的重组细胞（简称"检验"）。

"基因表达产物的生产"主要涉及重组蛋白质的生产和分离提取工艺，基本过程有：重组蛋白质的诱导表达；蛋白质的提取纯化；蛋白质产品的保存与运输等过程。

2. 基因操作技术的基本内容

(1) 获得目的基因

获取目的基因是实施基因操作技术的第一步。新型冠状病毒的核衣壳蛋白（N 蛋白）的基因、种子贮藏蛋白质的基因、人胰岛素基因以及干扰素基因等都可以是目的基因。快速获得已知序列的目的基因主要有两条途径：一是提取供体细胞的 DNA，设计引物，通过 PCR 技术扩增目的基因；另一途径是人工合成基因。PCR 技术是一种用于扩增特定的 DNA 片段的分子生物学技术，它可看作是使用温度循环以启动及终止酶催化的生物体外 DNA 合成。人工合成基因是根据目的基因的核苷酸序列或蛋白质的氨基酸序列，推测出基因的核苷酸序列，再通过化学方法合成目的基因。

（2）重组载体的构建

重组载体的构建是实施基因操作技术的第二步，也是基因操作的核心技术。传统的目的基因与载体连接的过程，首先要用限制性内切酶切割质粒，使质粒出现一个切口，露出黏性末端；然后用同一种限制性内切酶切断目的基因，使其产生相同的黏性末端；将切下的目的基因片段插入质粒的切口处，在 DNA 连接酶的作用下，催化两条 DNA 链之间形成磷酸二酯键，从而将相邻的脱氧核糖核酸连接起来，形成一个重组载体（也叫重组 DNA 分子）。随着技术进步，重组载体的构建出现了很多快速的手段，例如，Invitrogen 公司的 Gateway™重组克隆技术、Clontech 公司推出的 Gibson 组装法等，这些新的重组载体构建技术突破了传统的酶切、连接，可以将 1～7 个目的基因片段按照顺序插入到载体中，耗费时间更短，效率更高。

（3）重组载体导入受体细胞

将目的基因导入受体细胞是实施基因操作技术的第三步。目的基因片段与载体连接形成重组载体后，目的基因就可以随着受体细胞的繁殖而复制。常用的受体细胞有大肠杆菌、枯草芽孢杆菌、酵母菌、植物细胞和动物细胞等。

（4）基因的检测和表达

目的基因导入受体细胞后，是否可以稳定存在和表达其遗传特性，只有通过检测与鉴定才能知道。这是基因操作技术的第四步。检测的方法有很多种，例如，载体上有青霉素抗性基因，当这种载体与目的基因组合在一起形成重组载体并被转入受体细胞后，就可以根据受体细胞是否具有青霉素抗性来判断受体细胞是否获得了目的基因。

三、基因工程的诞生与发展

1. 基因工程的理论基础

（1）DNA 是遗传物质

1944 年美国细菌学家 Avery 和他的同事在 Griffith 肺炎双球菌转化实验的基础上，对转化的本质进行了深入的研究（体外转化实验），从而证明转化因子是 DNA，DNA 是细胞内遗传物质的携带者。1952 年，Alfred Hershey 和 Martha Chase 以 T2 噬菌体为实验材料进一步证明 DNA 是遗传物质。

（2）DNA 双螺旋模型

沃森（Watson）和克里克（Crick）通过使用 Franklin 和 Wilkins 获得的 X 衍射照片并应用其他的数据资料，于 1953 年 2 月 28 日推导出 DNA 双螺旋结构的分子模型。DNA 双螺旋模型的提出不仅意味着探明了 DNA 分子的结构，更重要的是它还提示了 DNA 的复制机制：由于腺嘌呤（A）总是与胸腺嘧啶（T）配对、鸟嘌呤（G）总是与胞嘧啶（C）配对，这说明两条链的碱基顺序是彼此互补的，只要确定了其中一条链的碱基顺序，另一条链的碱基顺序也就确定了。因此，只需以其中的一条链为模版，即可合成复制出另一条链。在发表 DNA 双螺旋结构论文后不久，《自然》杂志不久又发表了 Crick 的另一篇论文，阐明了 DNA 的半保留复制机制。

（3）遗传信息的传递——中心法则

生物体的遗传信息以密码的形式编码在 DNA 分子上，表现为特定的核苷酸排列顺序。通过 DNA 的复制，遗传信息由亲代传递给子代，DNA 通过转录生成信使 RNA（mRNA），翻译生成蛋白质的过程来控制生命现象。复制就是指以 DNA 分子为模板合成相同分子的过程。转录指拷贝出一条与 DNA 链序列完全相同（除了 T→U 之外）的 RNA 单链的过程，是基因表达的核心步骤。翻译是指以新生的 mRNA 为模板，把核苷酸三联遗传密码子翻译成氨基酸序列、合成多肽链的过程，是基因表达的最终目的。1958 年，DNA 双螺旋的发现人之一 Crick 把上述遗传信息的传递归纳为中心法则（central dogma）。在某些情况下 RNA 也可以是遗传信息的基本携带者，例如，RNA 病毒能以自身 RNA 分子为模板进行复制产生 RNA，一些 RNA 病毒还能通过反转录的方式将遗传信息传递给 DNA，是对中心法则的补充和丰富（图 0-2）。

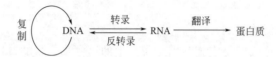

图 0-2　遗传信息传递的中心法则

① DNA 复制（replication）　DNA 复制是在酶催化下的核苷酸聚合过程，需要多种物质的共同参与。复制时亲代双链 DNA 解开成两股单链，各自作为模板指导合成新的互补子链。新合成的 DNA 分子（子代 DNA 双链）中，有一条链是从亲代 DNA 来的，称为母链，另一条单链则是新合成的，称为子链，这种复制方式称为半保留复制。具体机制详见项目五。

② 转录（transcription）　转录是指以 DNA 为模板，以 ATP、UTP、GTP 和 CTP 为原料，按照碱基互补原则，在 RNA 聚合酶的作用下合成 RNA 的过程，是基因表达的第一步。少数生物以 RNA 复制的方式合成 RNA。具体机制详见项目四。

③ 翻译（translation）　翻译是把核酸中 4 种碱基组成的遗传信息，以遗传密码翻译方式转变为蛋白质中 20 种氨基酸的排列顺序的过程。合成蛋白质的"机器"——核糖体由大小两个亚基组成，并有 P 位点和 A 位点。转运 RNA（tRNA）一端携带氨基酸，并有反密码子，能按照碱基互补原则，识别 mRNA 上的密码子。起始氨酰 tRNA 结合在核糖体 P 位点，第二个氨酰 tRNA 移至 A 位点；核糖体大亚基上的肽基转移酶催化在 P 位点和 A 位点的两个 tRNA 分子上的氨基酸形成肽键。mRNA 分子在核糖体上移动一个密码子长度，将新形成的肽酰-tRNA 带到 P 位点。新的 tRNA 分子按照模板来到 A 位，重复上述肽键形成过程，直到遇到终止密码子，翻译终止。具体机制详见项目八。

2. 基因工程的技术基础

（1）"剪刀"——限制性核酸内切酶

限制性核酸内切酶（restriction endonuclease）又称限制性酶或限制性内切酶（restriction enzyme）。20 世纪 30 年代前，当人们对噬菌体的宿主特异性限制和修饰现象进行研究时，首次发现了限制性内切酶。限制性内切酶切割 DNA 时有一个识别位点，在常用的限制性内切酶中该识别位点是回文对称的，当限制性内切酶在识别位点的中心轴两侧对称切割 DNA 两条链时，会产生单链突出端，即黏性末端。不同来源的 DNA 经同一种限制性内切酶切割后，其末端可以进行互补配对，在连接酶的作用下，将不同来源的 DNA 片段连接起来。限制性内切酶的发现为基因操作提供了一把"剪刀"，利用这把"剪刀"，可以将基因或 DNA 片段从染色体上剪切下来，以利于体外基因重组操作。

（2）"糨糊"——DNA 连接酶

1967 年三个实验室同时发现了 DNA 连接酶（DNA ligase）。它是一种能封闭 DNA 链上的切口的酶，借助 ATP 或 NAD 水解提供的能量催化 DNA 链的 $5'-PO_4$ 与另一 DNA 链的 $3'-OH$ 生成磷酸二酯键。在限制性内切酶作用下产生的 DNA 片段，虽然可以通过氢键使黏性末端互补配对而结合在一起，但是它们并不会连接起来；在生理温度下，这些末端之间的氢键并不足以维持稳定的结合；连接酶可以将这些结合在一起的 DNA 片段连接起来，形成稳定的化学键（磷酸二酯键），也就是通过连接酶这个"糨糊"可以将限制性内切酶这把"剪刀"切下来的 DNA 片段连接起来，实现 DNA 重组。由此，可以形象地将"剪刀"加"糨糊"称作基因工程的主要工具。

（3）"运输工具"——质粒

在体外实现的 DNA 重组还只能算是一种化学或生物化学操作，只有进入到细胞并进行复制后，才能表现其生物学特征，要做到这一点就需要能携带 DNA 进入细胞并维持其复制的载体。质粒（plasmid）可以胜任基因操作载体一职，质粒是细菌除染色体以外的遗传物质，利用质粒的复制功能可以方便地将外源 DNA 导入宿主细胞并维持其复制，使之成为宿主基因组的一部分，并赋予宿主新的表型。

（4）"受体工厂"——大肠杆菌

基因之所以能很好地进行操作，一个重要的原因是科学家对大肠杆菌（*Escherichia coli*，简称 *E. coli*）做了大量原创性的工作。大肠杆菌很容易培养，生化表型便于观察；生物化学、形态学、生理学和遗传学背景知识都已经了解得非常清楚；染色体是单倍体，其表达是独立的，染色体是游离在细胞质中的，能直接与表达机器贯通；遗传密码与其他生物是通用的，任何来源的 DNA 在大肠杆菌中能像自身的 DNA 一样复制和表达；同时可以很容易地获得外源基因并表现新的遗传特征。

3. 基因工程的诞生

1972 年斯坦福大学的 Paul Berg 小组用限制性内切酶和 DNA 连接酶将猿猴身体中发现的 SV40 病毒的一段 DNA 和细菌 λ 噬菌体的一段 DNA 接到一起，制造出了一个重组 DNA 分子（图 0-3）。但这个重组 DNA 分子的产生只是在化学水平上将不同来源的 DNA 进行了重新组合，还不是生物学意义上的基因重组，并没有实现生物学意义上的可遗传和可增殖的目的。

随后，斯坦福大学的 Stanley Cohen 和 Herbert Boyer 在基因重组方面做出了突出贡献，其主要的基础工作源于限制性内切酶 *Eco* R I 的分离以及质粒载体的构建。Boyer 分离的限制性内切酶 *Eco* R I 可以将 DNA 切割成具有黏性末端的片段，按照现在的认识，具有黏性末端的 DNA 片段很容易连接；Cohen 对大肠杆菌的质粒做了大量研究，并在 1972 年构建了具有实用价值的质粒载体，并用其名字的缩写将其命名为 pSC101。Cohen 等同时指出了作为克隆载体的三大要素的雏形，即有可用的酶切位点；具有复制单位，能够指导载体在宿主细胞中复制；具有选择标记等。

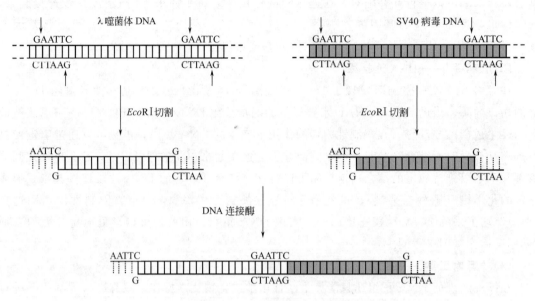

图 0-3　Paul Berg 重组 DNA 实验

　　1973 年，Stanley Cohen 和 Herbert Boye 开展了两个具有划时代意义的基因重组实验。第一个实验是将质粒 pSC101 与质粒 R6-5 连接起来并转移到大肠杆菌，由于这两个质粒分别带有四环素抗性基因和卡那霉素抗性基因，重组大肠杆菌获得了同时抗这两种抗生素的遗传性状。随后，Cohen 和 Boyer 把非洲爪蟾核糖体蛋白质基因片段用 EcoR I 酶切以后与质粒 pSC101 连接，将重组的 DNA 转入大肠杆菌中，转录出相应的 mRNA（图 0-4）。这个实验证明了质粒不仅可以作为基因工程的载体，重组 DNA 还可以进入受体细胞，外源基因可以在原核细胞中成功表达，并实现了物种之间的基因交流，至此表明基因工程正式诞生。1973 年被定为基因工程诞生的元年。

四、基因工程的应用

1. 大规模生产高价值产品

　　1982 年，重组人胰岛素药物的上市标志着基因工程产业化的成功。目前，基因操作受体扩展到酵母菌、动物细胞和植物细胞，已投放市场以及正在研制的基因工程药品几乎涵盖医药的各个领域，包括各种抗病毒剂、抗癌因子、抗生素、重组疫苗、免疫辅助剂、心脑血管防护急救药、生长因子和诊断试剂等。在食品行业，利用基因工程大规模生产氨基酸、助鲜剂、甜味剂等食品添加剂已是普遍现象。基因工程高效表达的分泌型淀粉酶、纤维素酶、脂肪酶、蛋白酶等酶制剂也已在食品制造、纺织印染、皮革加工、日用品生产中大显身手。

2. 基因诊断与治疗

　　几乎所有的疾病均在一定程度上与基因有某种联系，基因的改变，或是疾病发生的原因，或是疾病发生的结果，或是疾病发生时的伴随现象，而这些现象的出现是有规律的。因此，可以通过检测基因的改变来反映疾

基因诊断

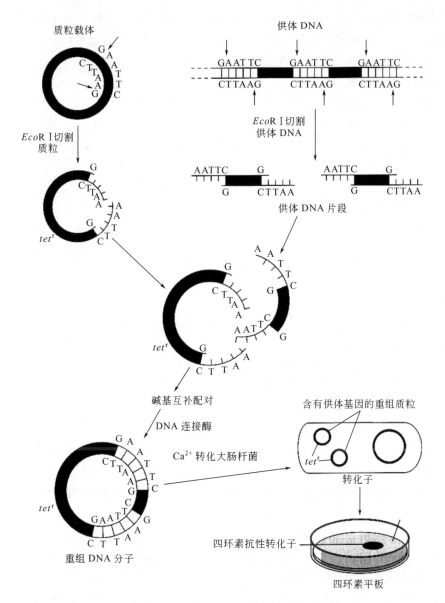

图 0-4　Cohen 和 Boyer 基因重组实验

病的发生、发展以及了解对疾病的疗效和预后。

　　基因诊断就是以 DNA 或 RNA 为诊断材料，通过检查基因的存在、缺陷或表达异常，对人体状态和疾病作出诊断的方法和过程。基因诊断中常用的几种技术主要有核酸杂交、PCR、DNA 序列测定和 DNA 芯片技术四种技术。

（1）检测传染性疾病

　　目前许多传染病的病原体如甲型、乙型、丙型和丁型肝炎病毒，人免疫缺陷病毒，柯萨奇病毒，脊髓灰质炎病毒，腺病毒，疱疹病毒，人乳头状瘤病毒等都可以用基因检测鉴定。2019 年 12 月份暴发的新型冠状病毒（SARS-CoV-2）疫情，国家病原微生物资源库于 2020 年 1 月 24 日发布了由中国疾病预防控制中心病毒病预防控制所成功分离的我国第一株病毒毒种。1 月 26 日，国家生物信息中心/国家基因组科学数据中心收录了由中国医学科学院病原生物学研究所提供的 5 株 2019 新型冠状病毒全基因组序列。在基因组序列确定后，很快确定了用 RT-qPCR 检测结果作为确诊依据，1 月 26 日，上海之江生物科技股份有限公司研发的首个新型冠状病毒核酸检测试剂盒获得医疗器械注册证。

（2）检测遗传性疾病

目前临床上可以通过基因工程鉴定出 2000 多种遗传疾病。基因诊断技术在肿瘤诊断中的应用也取得了重要成果，例如，用从白血病患者细胞中分离出的癌基因制备 DNA 探针，可以用来检测白血病。从更广泛的含义上讲，目前一些严重威胁人类健康的"富贵病"，如心脑血管疾病、糖尿病、癌症、阿尔茨海默病、肥胖等，都属于"基因相关疾病"范畴。

（3）检测恶性肿瘤

通过分析一些原癌基因的点突变、插入突变、基因扩增、染色体易位和抑癌基因的丢失或突变，可以了解恶性肿瘤的分子机制，有助于对恶性肿瘤的诊断，对肿瘤治疗及预后有指导意义。

3. 基因治疗

基因治疗（gene therapy）是指将外源正常基因导入靶细胞，以补偿或纠正因基因缺陷和异常引起的疾病，达到治疗目的。也就是将外源基因通过基因转移技术将其插入病人适当的受体细胞中，使外源基因制造的产物能治疗某种疾病。从广义上来说，基因治疗还可包括从 DNA 水平采取的治疗某些疾病的措施和新技术。基因治疗迄今所应用的目的基因转移方法可分为两大类：病毒方法和非病毒方法。

基因治疗的靶细胞可以分为两大类：生殖细胞和体细胞。

生殖细胞基因治疗（germ cell gene therapy）是将正常基因转移到患者的生殖细胞（精细胞、卵细胞和中早期胚胎）中并使其发育成正常个体。理论上，这样的治疗不仅可使遗传疾病在当代得以治愈，而且还能将新基因遗传给患者后代，使遗传病得到根治。但是，这种靶细胞的遗传修饰至今尚无实质性进展。基因向生殖细胞转移一般只能用显微注射的方法，效率不高，并且只适用排卵周期短而次数多的动物，难适用于人类。而且对人类实行生殖细胞基因改造，并世代遗传，涉及伦理学问题。因此，就人类而言，多不考虑生殖细胞的基因治疗途径。如今更多地是采用体细胞基因治疗。

体细胞基因治疗（somatic cell gene therapy）是指将正常基因转移到体细胞，使之表达基因产物，以达到治疗目的。这种方法的理想措施是将外源正常基因导入体细胞内染色体特定基因位点，用健康的基因确切地替换异常的基因，使其发挥治疗作用，同时还须减少随机插入引起新的基因突变的可能性。体细胞还要求是在体内能保持相当长的寿命或者具有分裂能力的细胞，这样才能使被转入的基因能有效地、长期地发挥"治疗"作用。因此干细胞、前体细胞都是理想的转基因治疗的靶细胞。以目前的技术看，骨髓细胞是唯一满足以上标准的靶细胞，一方面，骨髓的抽取、体外培养、再植入等技术都已成熟；另一方面，骨髓细胞还构成了许多组织细胞（如单核巨噬细胞）的前体。因此，一些涉及血液系统的疾病如腺苷酸脱氨酶缺乏症（ADA deficiency）、珠蛋白生成障碍性贫血、镰状细胞贫血、慢性肉芽肿性病（CGD）等可以将骨髓细胞作为靶细胞，一些非血液系统疾病如苯丙酮尿症、溶酶体贮积症等也可以骨髓细胞作为靶细胞。除了骨髓以外，肝细胞、神经细胞、内皮细胞、肌细胞也可作为靶细胞来研究或实施转基因治疗。

4. 设计构建新物种

借助基因重组、基因定向诱变甚至基因人工合成技术，创造出自然界中不存在的生物新性状乃至全新物种，在农业领域意义重大。烟草、棉花等经济作物易遭受病毒、害虫的侵袭。利用重组微生物大规模生产对棉铃虫等有害昆虫具有剧毒作用的蛋白类农用杀虫剂（生物农药），可保护作物，同时不伤害环境。将某些特殊基因转入植物细胞内，再生出的植株可表现出广谱抗病毒、真菌、细菌和线虫的优良性状，从而减少或避免使用化学农药。

基因工程还可用来改良农作物的品质。通过适当的基因操作，可以提高农作物的营养价值，增加必需氨基酸的含量；一些易腐烂的蔬菜，如西红柿，可改变其原来的性状，从而延长货架期。通过对某些基因的修饰，提高植物细胞内的渗透压，增强农作物抗旱、耐盐能力。通过对生物的基因进行改造，获得的新菌种（新性状）还可以被应用在环保、能源等领域。

项目一

计算机模拟构建重组载体

学习目标

1. 知识目标

（1）了解什么是生物信息学。

（2）熟悉常用核苷酸和蛋白质数据库。

（3）掌握序列比对与 BLAST。

2. 技能目标

（1）学会使用 SnapGene 软件。

（2）能在核酸数据库中找到目的基因序列信息。

（3）能利用 SnapGene 模拟构建重组载体。

3. 思政与职业素养目标

（1）学习计算机技术在基因工程中应用，培养跨学科思维。

（2）养成实事求是，做实事、说实话的人生价值观。

项目简介

新型冠状病毒（SARS-CoV-2）是一种新发现的冠状病毒，截至 2020 年 4 月 12 日，全球已经 211 个国家暴发新型冠状病毒疫情，感染人数已经达到 170 多万人，累计死亡人数达到 10 万多人。SARS-CoV-2 的结构蛋白主要包括刺突糖蛋白（S 蛋白）、包膜糖蛋白（E 蛋白）、膜糖蛋白（M 蛋白）和核衣壳蛋白（N 蛋白）。SARS-CoV-2 中的 N 蛋白相对保守，是 SARS-CoV-2 IgM/IgG 抗体快速检测卡的核心原材料。

本项目通过计算机模拟 SARS-CoV-2 N 蛋白构建重组载体的过程，进一步理解基因操作技术的基本过程。从 DNA 数据库中找到 SARS-CoV-2 N 基因，用 DNA 连接酶或 Gibson 组装法（一步克隆法）将 SARS-CoV-2 N 基因片段连接到 pET28a（＋）表达载体分子上，构建重组表达载体 pET28a（＋)-N。

项目引导

现今计算机的发展已渗透到各个领域，生物学中的大量实验数据的处理和理论分析也需要由相应的计算机程序来完成，生物技术与计算机信息技术已经实现了大融合。

一、核酸数据库

GenBank、EBI 和 DDBJ 是国际上三大主要核酸序列数据库。美国国家健康研究院（National Institute of Health，NIH）于 1982 年委托洛斯阿拉莫斯（Los Alamos）国家实验室建立 GenBank，后移交给美国国立卫生研究院国家生物技术中心（National Center for Biotechnology Information，NCBI）（图 1-1）。欧洲生物信息学中心（European Bioinformatics Institute，EBI）（图 1-2），是一个非营利性的学术机构，致力于以信息学手段解答生命科学问题。该所建立于 1994 年，位于英国剑桥南部的维康信托基因园，是欧洲分子生物学实验室（European Molecular Biology Laboratory，EMBL）的一部分。1986 年，日本国立遗传学研究所创建日本核酸数据库（DNA Data Bank of Japan，DDBJ）（图 1-3）。1988 年，GenBank、EBI 与 DDBJ 共同成立了国际核酸序列联合数据库中心，根据协议，这三个数据库分别收集所在区域的有关实验室和测序机构所发布的核酸序列信息，并共享收集到的数据，为了达到最佳的同步性，每天在 DDBJ、EBI、GenBank 之间都要交换最新的数据。这三个数据库之间坚持统一的文件指导方针，它规范了数据库登录的内容和语法，这种指导方针确保了这些数据库的信息以一种格式便捷的交换。

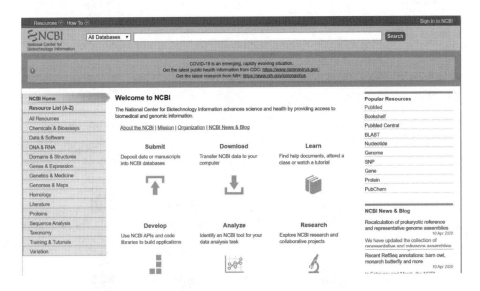

图 1-1　美国国立卫生研究院国家生物技术中心（NCBI）网站

我们国家核酸序列数据库建设比较晚，2011 年国家发展改革委员会、财政部、工业和信息化部、国家卫生健康委员会（原卫生部）四部委批复，依托深圳华大生命科学研究院（原深圳华大基因研究院）建设深圳国家基因库（国家基因库，China National GeneBank，CNGB）（图 1-4）。国家基因库是我国首个国家级综合性基因库，也是世界领先的存、读、写一体化的综合性生物遗传资源基因库。

二、UniProt 蛋白质数据库

UniProt 即通用蛋白质资源（Universal Protein Resource），是信息最丰富、资源最广的

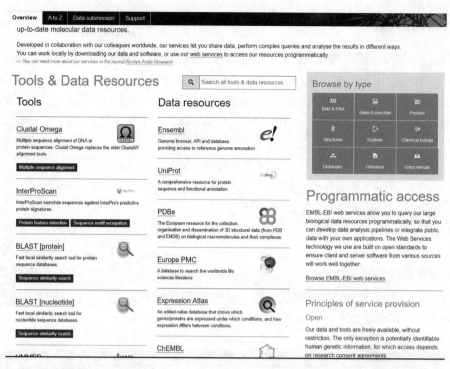

图 1-2 欧洲生物信息学中心（European Bioinformatics Institute，EBI）网站

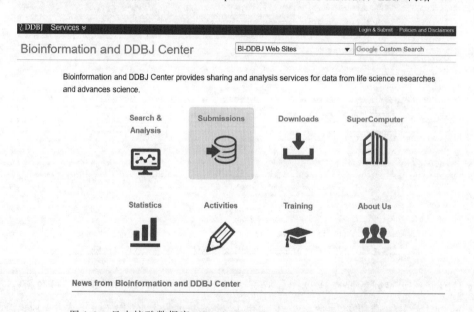

图 1-3 日本核酸数据库（DNA Data Bank of Japan，DDBJ）网站

蛋白质数据库（图 1-5）。2002 年整合 Swiss-Prot、TrEMBL 和 PIR-PSD 三大数据库的数据建成，它统一收集、管理、注释、发布蛋白质序列数据及注释信息。目前，UniProt 已经成为欧洲生命科学大数据联盟（European Life Science Infrastructure for Biological Information，ELIXIR）的主要核心数据资源之一，其数据主要来自基因组测序项目完成后，后续获得的蛋白质序列，此外还包含了大量来自文献的蛋白质生物功能信息。

图 1-4　国家基因库（China National GeneBank，CNGB）网站

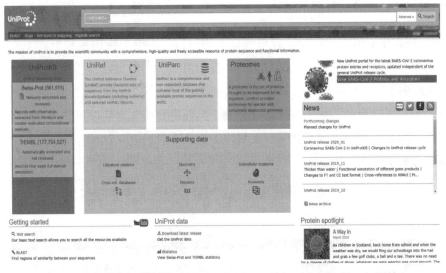

图 1-5　通用蛋白质资源（Universal Protein Resource，UniProt）网站

UniProt 包括三个主要部分，即蛋白质知识库（UniProt Knowledgebase，UniProtKB）、蛋白质序列归档库（UniProt Sequence Archive，UniParc）和蛋白质序列参考集（UniProt Reference Clusters，UniRef）；为适应蛋白组学研究的需要，UniProt 数据库还新增了蛋白组（Proteomes）来参考蛋白组数据；此外，UniProt 数据库还包括文献引用（Literature Citations）、物种分类学来源（Taxonomy）、亚细胞定位（Subcellular Locations）、数据库交叉链接（Cross-reference Databases）、相关疾病（Diseases）和关键词（Keywords）等辅助数据。

UniProtKB 分为 Swiss-Prot 和 TrEMBL 两个子库。两个子库序列条目分类相似，主要差别在于 Swiss-Prot 子库中的序列条目以及相关信息都经过手工注释和人工审阅，由瑞士生物信息研究所团队负责，该团队由经验丰富的分子生物学家和生物化学家组成，专门从事蛋白质序列数据的搜集、整理、分析、注释，力图为用户提供高质量的蛋白质序列和丰富的注释信息。

TrEMBL 子库由欧洲生物信息学研究所团队负责，所有序列条目由计算机程序根据一定规则进行自动注释，内容包括蛋白质名称、基因名称、物种名称、分类学地位等基本信息，功能、表达、定位、家族和结构域等注释信息，以及与其他数据库的交叉链接。需要说明的是，TrEMBL 子库中的序列未经手工注释，也未经人工审阅，可靠性远不及 Swiss-Prot 子库中的序列，使用时需谨慎。TrEMBL 和 Swiss-Prot 采用统一的数据库格式和登录号系统，TrEMBL 中的序列经手工注释和人工审阅后，归入到 Swiss-Prot 子库中，不再在 TrEMBL 子库中保留。这两个子库的数据量差别很大，截至 2020 年 4 月 22 日，UniProtKB 包含 561,911 条注释条目，UniProtKB/TrEMBL 包含了 177,754,527 条注释条目。

📍 项目实施

【拟定计划】

① 根据参考方法或客户需求填写作业流程单（详见《项目学习工作手册》），列出操作要求。

② 按照实训中心给定的条件，合理划分工作阶段、小组工作任务和个人工作任务，填写工作计划及任务分工表（详见《项目学习工作手册》），报给主管（或教师）备案。

【材料准备】

全班讨论各个小组的方案，深入理解原理，按照选择的方案的需要，选择最佳方案，修订作业程序，填写材料申领单（详见《项目学习工作手册》）。

【任务实施】

任务一　数据库中查找 SARS-CoV-2 N 基因序列

① 打开 NCBI 网站（图 1-6）。

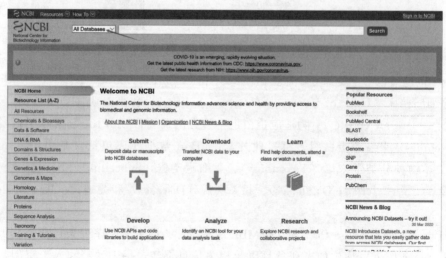

图 1-6　NCBI 网站

② 点击该页面箭头指示处会出现一列选项，选择 Nucleotide，然后在搜索栏中输入"SARS-CoV-2"，点击 Search（图 1-7）。

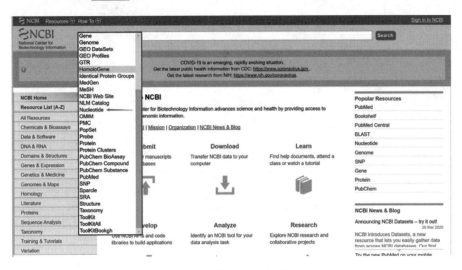

图 1-7　选择 Nucleotide

③ 出现 SARS-CoV-2 基因组的界面，继续点击 N（图 1-8）。

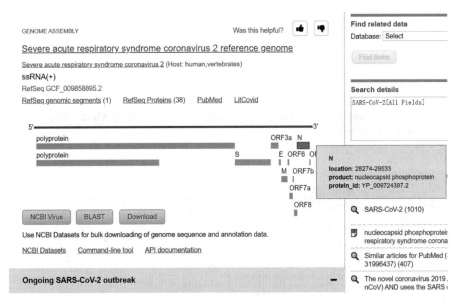

图 1-8　SARS-CoV-2 基因组

④ 出现以下界面，继续点击 N-nucleocapsid phosphoprotein（图 1-9）。

⑤ 出现以下界面，继续点击 FASTA（图 1-10）。

⑥ 显示出 SARS-CoV-2 N 的基因序列（图 1-11），复制到 txt 文档中，备用。

任务二　SnapGene 模拟构建 pET28a(＋)-N 重组载体

SnapGene 是做分子克隆常用的一个工具软件。其主要功能有：导入 DNA、氨基酸序列；对导入的目的序列进行命名；批量添加不同的酶切位点；导入序列；ORF 阅读框的识别；质粒图谱增加和设计引物；模拟标准限制性克隆；模拟重组载体的构建；模拟电泳；序

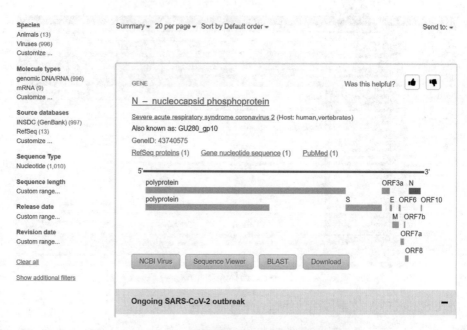

图 1-9   点击N-nucleocapsid phosphoprotein

Severe acute respiratory syndrome coronavirus 2 isolate Wuhan-Hu-1, complete genome

NCBI Reference Sequence: NC_045512.2

FASTA   Graphics

Go to: ☑

```
LOCUS       NC_045512               1260 bp ss-RNA     linear   VRL 30-MAR-2020
DEFINITION  Severe acute respiratory syndrome coronavirus 2 isolate Wuhan-Hu-1,
            complete genome.
ACCESSION   NC_045512 REGION: 28274..29533
VERSION     NC_045512.2
DBLINK      BioProject: PRJNA485481
KEYWORDS    RefSeq.
SOURCE      Severe acute respiratory syndrome coronavirus 2 (SARS-CoV2)
  ORGANISM  Severe acute respiratory syndrome coronavirus 2
            Viruses; Riboviria; Nidovirales; Cornidovirineae; Coronaviridae;
            Orthocoronavirinae; Betacoronavirus; Sarbecovirus.
REFERENCE   1  (bases 1 to 1260)
  AUTHORS   Wu,F., Zhao,S., Yu,B., Chen,Y.-M., Wang,W., Hu,Y., Song,Z.-G.,
            Tao,Z.-W., Tian,J.-H., Pei,Y.-Y., Yuan,M.L., Zhang,Y.-L.,
            Dai,F.-H., Liu,Y., Wang,Q.-M., Zheng,J.-J., Xu,L., Holmes,E.C. and
            Zhang,Y.-Z.
  TITLE     A novel coronavirus associated with a respiratory disease in Wuhan
            of Hubei province, China
  JOURNAL   Unpublished
REFERENCE   2  (bases 1 to 1260)
  CONSRTM   NCBI Genome Project
  TITLE     Direct Submission
  JOURNAL   Submitted (17-JAN-2020) National Center for Biotechnology
            Information, NIH, Bethesda, MD 20894, USA
REFERENCE   3  (bases 1 to 1260)
```

图 1-10   点击FASTA

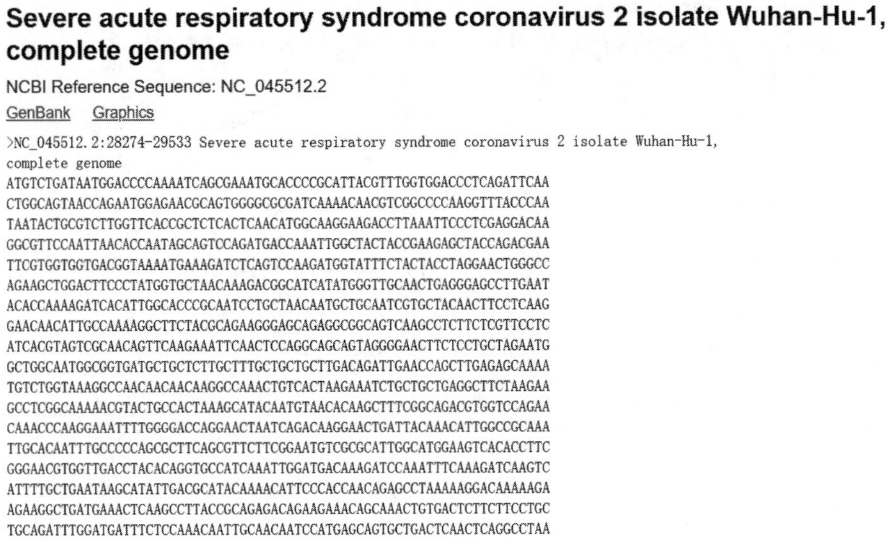

Severe acute respiratory syndrome coronavirus 2 isolate Wuhan-Hu-1, complete genome

NCBI Reference Sequence: NC_045512.2

GenBank　Graphics

```
>NC_045512.2:28274-29533 Severe acute respiratory syndrome coronavirus 2 isolate Wuhan-Hu-1,
complete genome
ATGTCTGATAATGGACCCCAAAATCAGCGAAATGCACCCCGCATTACGTTTGGTGGACCCTCAGATTCAA
CTGGCAGTAACCAGAATGGAGAACGCAGTGGGGCGCGATCAAAACAACGTCGGCCCCAAGGTTTACCCAA
TAATACTGCGTCTTGGTTCACCGCTCTCACTCAACATGGCAAGGAAGACCTTAAATTCCCTCGAGGACAA
GGCGTTCCAATTAACACCAATAGCAGTCCAGATGACCAAATTGGCTACTACCGAAGAGCTACCAGACGAA
TTCGTGGTGGTGACGGTAAAATGAAAGATCTCAGTCCAAGATGGTATTTCTACTACCTAGGAACTGGGCC
AGAAGCTGGACTTCCCTATGGTGCTAACAAAGACGGCATCATATGGGTTGCAACTGAGGGAGCCTTGAAT
ACACCAAAAGATCACATTGGCACCCGCAATCCTGCTAACAATGCTGCAATCGTGCTACAACTTCCTCAAG
GAACAACATTGCCAAAAGGCTTCTACGCAGAAGGGAGCAGAGGCGGCAGTCAAGCCTCTTCTCGTTCCTC
ATCACGTAGTCGCAACAGTTCAAGAAATTCAACTCCAGGCAGCAGTAGGGGAACTTCTCCTGCTAGAATG
GCTGGCAATGGCGGTGATGCTGCTCTTGCTTTGCTGCTGCTTGACAGATTGAACCAGCTTGAGAGCAAAA
TGTCTGGTAAAGGCCAACAACAACAAGGCCAAACTGTCACTAAGAAATCTGCTGCTGAGGCTTCTAAGAA
GCCTCGGCAAAAACGTACTGCCACTAAAGCATACAATGTAACACAAGCTTTCGGCAGACGTGGTCCAGAA
CAAACCCAAGGAAATTTTGGGGACCAGGAACTAATCAGACAAGGAACTGATTACAAACATTGGCCGCAAA
TTGCACAATTTGCCCCCAGCGCTTCAGCGTTCTTCGGAATGTCGCGCATTGGCATGGAAGTCACACCTTC
GGGAACGTGGTTGACCTACACAGGTGCCATCAAATTGGATGACAAAGATCCAAATTTCAAAGATCAAGTC
ATTTTGCTGAATAAGCATATTGACGCATACAAAACATTCCCACCAACAGAGCCTAAAAAGGACAAAAAGA
AGAAGGCTGATGAAACTCAAGCCTTACCGCAGAGACAGAAGAAACAGCAAACTGTGACTCTTCTTCCTGC
TGCAGATTTGGATGATTTCTCCAAACAATTGCAACAATCCATGAGCAGTGCTGACTCAACTCAGGCCTAA
```

图 1-11　SARS-CoV-2 N 的基因序列

列比对等。

① SnapGene 最上方的菜单栏对应的功能如下：File，打开、建立、保存相关文件等；Edit，编辑功能，包括复制选中一些序列等；View，切换几个视图等；Enzymes，显示、选择酶切位点等；Feature，显示、增加（命名）一些片段等；Primers，添加引物等；Action，插入融合一些片段；Tool，模拟电泳、序列比对、查看 DNA 分子量、查询简并密码子和氨基酸等；最下方的视图栏，点击下方的图标按钮可以进行相互切换；Map，显示当前质粒的图谱；Sequence，显示具体的序列信息；Enzymes，显示、选择酶切位点等；Feature，显示、增加（命名）一些片段等；Primers，添加引物等；最左边的视图栏是一些快捷键工具栏，点击相应按钮可出来对应的一些功能。

② 打开 SnapGene 软件，打开 pET28a(＋) 载体序列文件和 SARS-CoV-2 N 的基因序列文件（图 1-12）。

③ 点击Actions，进入限制酶插入克隆中的插入片段（图 1-13）。

④ 在 SARS-CoV-2 N 片段和 pET-28a(＋) 表达载体上选择已经设计过的酶切位点*Nco* Ⅰ和 *Xho* Ⅰ，在软件上对载体和片段进行酶切，得到两个线性化的产物。由于采用相同的限制性内切酶进行酶切，再使用Clone按钮即可生成图谱。点击Cloned，将重组载体的名字改为 pET28a(＋)-N（图 1-14）。

⑤ 根据上面的结果，查看构建历史，点击最下面的History按钮，可以查看我们设计的历史情况，以及序列情况，包括位点等，都可以进行最后的检查（图 1-15）。

【任务记录】

按照作业程序完成工作任务，填写过程记录表及结果记录表（详见《项目学习工作手册》）。

【项目交付】

根据客户的订单，核对订单号，仔细检查标签、邮箱地址和交货地址，填写客户交货单（详见《项目学习工作手册》），完成交货流程。

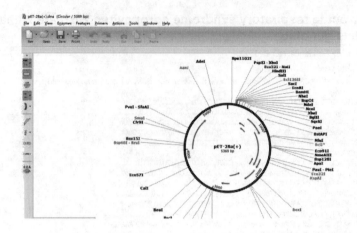

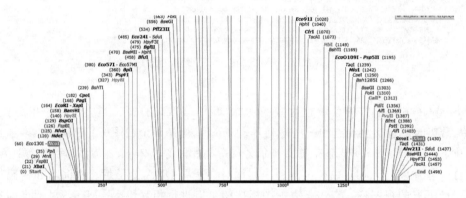

图 1-12　在 SnapGene 软件中打开载体和目的基因的序列

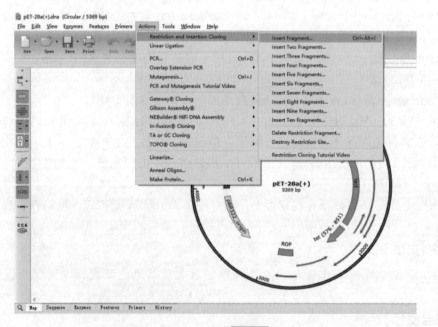

图 1-13　点击Actions

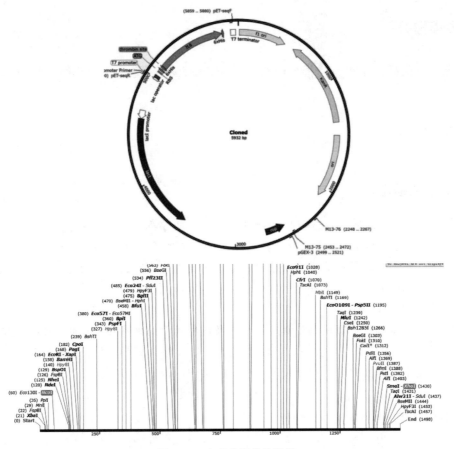

图 1-14　生成重组载体图谱

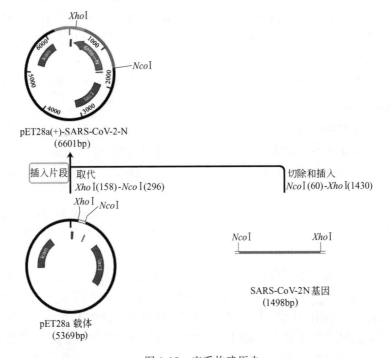

图 1-15　查看构建历史

复盘提升

复盘自己的操作流程，分析失败或成功原因，填写注意事项（详见《项目学习工作手册》）。

项目拓展

一、生物信息学

20 世纪 60 年代以来，随着核酸序列测定、蛋白质序列测定以及基因克隆和 PCR 技术的不断发展与完善，全世界各研究机构获得了大量的生物信息原始数据。面对这些以指数方式增长的数据资源，传统的研究方式已经来不及迅速消化，因此有必要建立生物信息数据库对它们进行适当的储存、管理和维护，以便进一步分析、处理和利用等。生物信息数据库是一切生物信息学工作的基础。

生物信息学是利用计算机为工具，用数学及信息科学的理论和方法研究生命现象，对生物信息进行收集、加工、存储、检索和分析的科学。生物信息学的核心是基因组学信息。基因组学是研究生物基因组和如何利用基因的一门学问，该学科可提供基因组信息以及相关数据系统，并试图解决生物、医学和工业领域的重大问题。

1. 数据存储

随着人类基因组计划的实施，实验数据急剧增加，数据的标准化和检验成为信息处理的第一步工作，并在此基础上建立数据库，存储和管理基因组信息。这就需要借助计算机存储大量的生物学实验数据，通过对这些数据按一定功能分类整理，形成了数以百计的生物信息数据库，并要求有高效的程序对这些数据库进行查询，以此来满足生物学工作者的需要。数据库包括一级数据库和二级数据库，一级数据库直接来源于实验获得的原始数据，只经过简单的归类整理和注释；二级数据库是对基本数据进行分析、提炼加工后提取的有用信息。

2. 蛋白质结构预测

蛋白质是组成生物体的基本物质，几乎一切生命活动都要通过蛋白质的结构与功能体现出来，因此分析处理蛋白质数据也是相当重要的，蛋白质的生物功能由蛋白质结构所决定，因此根据蛋白质序列预测蛋白质结构是很重要的问题，这就需要分析大量的数据，从中找出蛋白质序列和结构之间存在的关系与规律。

蛋白质二级结构指蛋白质多肽链本身折叠和盘绕的方式。二级结构主要有 α-螺旋、β-折叠、β-转角等几种形式，它们是构成蛋白质高级结构的基本要素，常见的二级结构有 α-螺旋和 β-折叠。蛋白质二级结构预测方面主要有以下几种不同的方法：基于统计信息、基于物理化学性质、基于序列模式、基于多层神经网络、基于图论、基于多元统计、基于机器学习的专家规则、最邻近算法。目前大多数二级结构预测的算法都是对由序列比对算法如 BLAST、FASTA、CLUSTALW 产生的经过比对的序列进行二级结构预测。虽然二级结构的预测方法准确率已经可以达到 80％以上，但二级结构预测的准确性还有待提高。在实际进行蛋白质二级结构预测时，往往会把结构实验结果、序列比对结果、蛋白质结构预测结果，还有各种预测方法结合起来，比较常用的是同时使用多个软件进行预测，对各个软件预测结果分析后得出比较接近实际的蛋白质二级结构。将序列比对与二级结构预测相结合也是一种常见的综合分析方法。

三级结构是在二级结构的基础上进一步盘绕、折叠形成的。研究蛋白质空间结构是为了了解蛋白质功能与三维结构的关系，预测蛋白质的二级结构只是预测蛋白质三维结构的第一步，蛋白质折叠问题是非常复杂的，这就导致了蛋白质空间结构预测的复杂性。蛋白质三维结构预测方法有同源模型化方法、线索化方法和从头预测的方法。但是无论用哪一种方法，结果都是预测，采用不同的算法，可能产生不同的结果，因此还需要研究新的理论计算方法来预测蛋白质的三维结构。

目前，已知蛋白质序列数据库中的数据量远远超过结构数据库中的数据量，并且这种差距会随着 DNA 序列分析技术和基因识别方法的进步越来越大，人们希望产生蛋白质结构的进度能够跟上产生蛋白质序列的速度，这就需要对蛋白质的结构预测开发新的理论分析方法。目前还没有一个算法能够很好地预测出一个蛋白质的三维结构形状，蛋白质的结构预测被认为是当代计算机科学要解决的最重要的问题之一，因此蛋白质结构预测的算法在分子生物学中显得尤为重要。

二、序列比对与 BLAST

序列比对的意义是从核酸、氨基酸的层次来比较两个或两个以上符号序列的相似性或不相似性，进而推测其结构功能及进化上的联系。研究序列相似性的目的是通过相似的序列得到相似的结构或功能，也可以通过序列的相似性判别序列之间的同源性，推测序列之间的进化关系。

序列比对中最基础的是双序列比对，双序列比对又分为全局序列比对和局部序列比对，这两种比对均可用动态程序设计方法有效解决。在实际应用中，某些在生物学上有重要意义的相似性不是仅仅分析单条序列，只有通过将多个序列比对排列起来才能识别，比如当面对许多源于不同生物的蛋白质，但其功能相似时，可能想知道序列的哪些部分是相似的，哪些部分是不同的，进而分析蛋白质的结构和功能。为获得这些信息，需要对这些序列进行多序列比对，多序列比对算法有动态规划算法、星形比对算法、树形比对算法、遗传算法、模拟退火算法、隐马尔可夫模型等，这些算法都可以通过计算机得以实现。

BLAST（Basic Local Alignment Search Tool）是一套在核酸数据库或是蛋白质数据库中进行相似性比较的分析工具。BLAST 程序能迅速与公开数据库进行相似性序列比较，其结果中的得分是一种对相似性的统计说明。BLAST 可采用一种局部的算法获得两个序列中具有相似性的序列，还可对一条或多条序列（可以是任何形式的序列）在一个或多个核酸或蛋白质序列库中进行比对，还能发现具有缺口的能比对上的序列，所查询的序列和调用的数据库则可以是任何形式的组合，既可以是核酸序列到蛋白质库中做查询，也可以是蛋白质序列到蛋白质库中作查询，反之亦然。BLAST 的类型主要有 5 类，分别是以下 5 类（表 1-1）。

① blastp 是蛋白质序列到蛋白质库中的一种查询，库中存在的每条已知序列将逐一地同每条所查序列作一对一的序列比对。

② blastx 是核酸序列到蛋白质库中的一种查询，先将核酸序列翻译成蛋白质序列（一条核酸序列会被翻译成可能的六条蛋白质），再对每一条作一对一的蛋白质序列比对。

③ blastn 是核酸序列到核酸库中的一种查询，库中存在的每条已知序列都将同所查序

表 1-1 BLAST 的类型

程序	数据库	查询	描述
blastp	蛋白质	蛋白质	可能找到具有远源进化关系的匹配序列
blastx	核酸(蛋白质)	蛋白质(核酸)	适合新 DNA 序列和 EST 序列的分析
blastn	核酸	核酸	适合寻找分值较高的匹配,不适合远源关系
tblastn	蛋白质	核酸	适合寻找数据库中尚未标注的编码区
tblastx	核酸(翻译)	核酸(翻译)	适合分析 EST 序列

列作一对一地核酸序列比对。

④ tblastn 是蛋白质序列到核酸库中的一种查询，与 blastx 相反，它是将库中的核酸序列翻译成蛋白质序列，再同所查序列作蛋白质与蛋白质的比对。

⑤ tblastx 是核酸序列到核酸库中的一种查询，此种查询将库中的核酸序列和所查的核酸序列都翻译成蛋白质（每条核酸序列会产生 6 条可能的蛋白质序列），这样每次比对会产生 36 种比对阵列。

项目二

总 DNA 的提取和检测

学习目标

1. 知识目标

(1) 掌握 DNA 的结构和理化特征。

(2) 了解细菌总 DNA 提取的原理。

2. 技能目标

(1) 能根据客户要求，选择合适的 DNA 提取方法并实施。

(2) 能独立测定 DNA 吸光度并计算其浓度。

(3) 能分析总 DNA 琼脂糖凝胶电泳的结果。

(4) 能区分实训中产生的"三废"，并进行正确处理。

3. 思政与职业素养目标

(1) 树立基因是重要的生物资源、保护生物多样性就是保护基因资源的理念。

(2) 自觉保护国家基因资源，树立家国意识，维护国家基因安全。

项目简介

核酸的提取是开展基因操作的第一步，核酸提取的质量高低是后续实验操作成败的关键。DNA 的提取可以简单地分为细胞裂解和纯化两大步骤。细胞裂解即破坏样品细胞结构，使样品中的 DNA 游离在裂解体系中；纯化过程使 DNA 与裂解体系中的其他成分，如蛋白质、盐及其他杂质彻底分离。在实践操作中，最常用的提取基因组 DNA 方法是 CTAB 法（主要应用于植物细胞）和 SDS 法。

一、CTAB 法提取植物细胞染色体 DNA

CTAB（cetyl trimethyl ammonium bromide，十六烷基三甲基溴化铵）是一种阳离子去污剂，可溶解细胞膜，并与核酸形成复合物。该复合物在高盐溶液（>0.7mol/L NaCl）中是可溶的，通过有机溶剂抽提，去除蛋白质、多糖、酚类等杂质后加入乙醇沉淀，即可使核酸分离出来。

这种方法主要适用于植物细胞，一般按照液氮研磨—裂解细胞—抽提—沉淀—干燥溶解流程完成基因组 DNA 的抽提。首先在液氮中充分地研磨植物样品，使之呈粉末状，后加入裂解液，充分混匀使细胞充分裂解，将胞内物质释放出来，通过加入有机溶剂将溶液中的蛋白质、酚类等其他杂质去除，最后用乙醇进行沉淀，得到目的 DNA。

二、SDS 法抽提总 DNA

SDS 法抽提 DNA 最初于 1976 年由 Stafford 及其同事提出。通过改进，用以 EDTA（乙二胺四乙酸）、SDS（十二烷基硫酸钠）及无 DNA 酶的 RNA 酶为主要成分的裂解缓冲液裂解细胞，经蛋白酶 K 处理后，用 pH 8.0 的 Tris 饱和酚抽提 DNA，重复抽提至一定纯度后，经过透析或沉淀处理，最终获得所需的 DNA 样品。其中，EDTA 为二价金属离子螯合剂，可以抑制 DNA 酶的活性，同时降低细胞膜的稳定性；SDS 为生物阴离子去垢剂，主要引起细胞膜的降解并能乳化脂质和蛋白质，与这些脂质和蛋白质结合可以使它们沉淀，其非极性端与膜磷脂结合，极性端使蛋白质变性、解聚，所以 SDS 同时还有降解 DNA 酶的作用；无 DNA 酶的 RNA 酶可以有效水解 RNA，而避免 DNA 的消化；蛋白酶 K 则有水解蛋白质的作用，可以消化 DNA 酶、DNA 上的蛋白质，也有裂解细胞的作用；酚可以使蛋白质变性沉淀，同时也抑制 DNA 酶的活性；pH 8.0 的 Tris（三羟甲基氨基甲烷）溶液能保证抽提后 DNA 进入水相，而避免滞留于蛋白质层。多次抽提可提高 DNA 的纯度。一般在第三次抽提后，移出含 DNA 的水相，做透析或沉淀处理。沉淀处理常以乙酸铵为盐类，用 2 倍体积的无水乙醇沉淀，并用 70％的乙醇洗涤，最后得到总 DNA 样品。

针对不同来源、不同大小的 DNA，或者不同的使用目的，还有很多其他提取方法。此外，一些生物试剂公司还生产出了更为简便的试剂盒，直接通过试剂盒提取也是一种不错的选择。

项目引导

一、核酸的分子组成

DNA 分子由碱基、磷酸和脱氧核糖组成，RNA 分子由碱基、磷酸和核糖组成。在 DNA 分子中发现的四种碱基是腺嘌呤（adenine，A）、胞嘧啶（cytosine，C）、鸟嘌呤（guanine，G）和胸腺嘧啶（thymine，T）；RNA 分子中的碱基除用尿嘧啶（uracil，U）代替了胸腺嘧啶外，其他的碱基与 DNA 分子中相同（图 2-1）。

RNA 分子中的核糖在第 2 位上有一个羟基，而 DNA 分子中对应的位置缺少氧而只有一个氢，因此命名为脱氧核糖。RNA 分子和 DNA 分子中的碱基和糖连接在一起形成的单位被称为核苷（nucleoside），核苷的名称来源于相应的碱基，在核苷中碱基中的碳原子编号用普通数字表示，糖中的碳原子编号用带′的数字表示。例如，碱基连接在糖的 1′位，在脱氧核苷中 2′是脱氧的。

DNA 和 RNA 的基本组成单位是核苷酸，在 DNA 和 RNA 分子中，核苷酸是通过磷酸二酯键将磷酸与两个糖连接在一起，一个与糖的 5′基团相连，另一个与糖的 3′基团相连，图 2-2 以四个核苷酸为例，显示了它们的连接，这个四核苷酸串具有极性，分子顶部有一个游离的 5′磷酸基团，称为 5′端，底部有一个游离的 3′羟基，称为 3′端。

二、DNA 的结构

DNA 的一级结构指 4 种核苷酸的连接及排列顺序，表示了该 DNA 分子的化学组成。

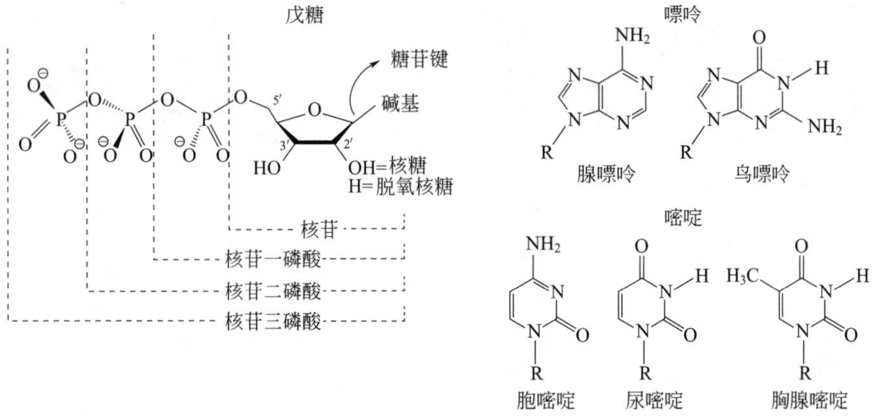

图 2-1　核酸的化学组成

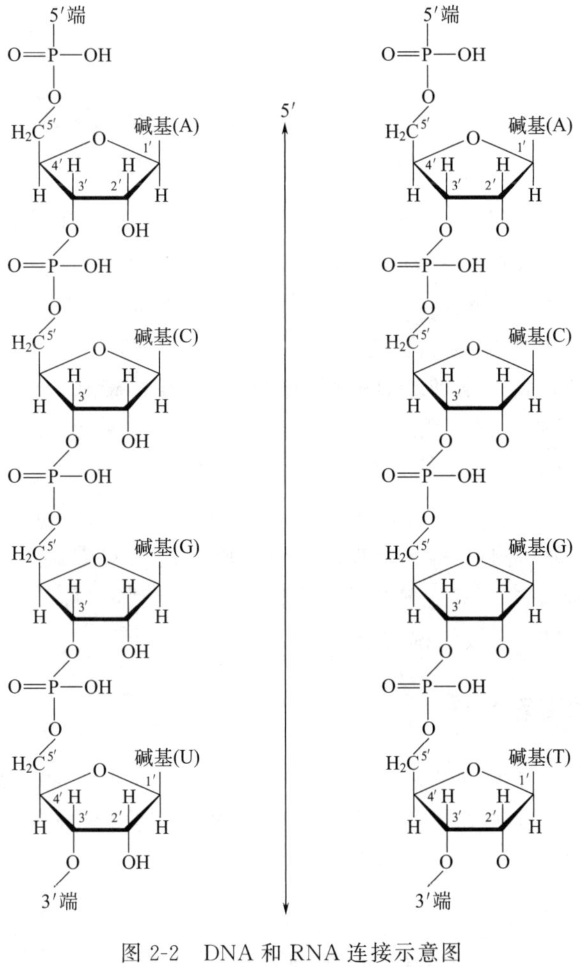

图 2-2　DNA 和 RNA 连接示意图

DNA 分子中 4 种核苷酸千变万化的序列排列反映了生物界物种的多样性和复杂性。

　　DNA 的二级结构是指两条多核苷酸链反向平行盘绕所生成的双螺旋结构（图 2-3）。其基本特点是：①DNA 分子是由两条互相平行的脱氧核苷酸长链围绕同一个中心轴盘绕而成，

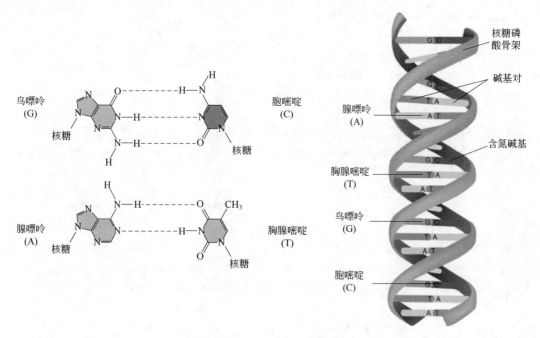

图 2-3　DNA 双螺旋结构示意图

两条链行走方向相反，一条链为 $5'→3'$ 走向，另一条链为 $3'→5'$ 走向，磷酸基团和脱氧核糖构成链的骨架，位于双螺旋的外侧，碱基位于双螺旋的内侧，碱基平面与中轴垂直。②侧链碱基互补配对，两条脱氧核苷酸链通过碱基之间的氢键连接在一起，碱基之间有严格的配对规律：A 与 T 配对，其间形成两个氢键；G 与 C 配对，其间形成三个氢键，这种配对规律，称为碱基互补配对原则，每一个碱基对的两个碱基称为互补碱基，同一 DNA 分子的两条脱氧多核苷酸链称为互补链。

　　DNA 双螺旋进一步盘曲形成更加复杂的结构，称为 DNA 的三级结构。绝大部分原核生物的 DNA 都是共价封闭环状双螺旋分子，这种双螺旋分子还可以螺旋化形成超螺旋结构。超螺旋是 DNA 三级结构最常见的形式，超螺旋方向与双螺旋方向相反，使螺旋变松，称为负超螺旋；超螺旋方向与双螺旋方向相同，使螺旋变紧，称为正超螺旋。在真核生物中，位于染色质上的 DNA 三级结构与蛋白质功能相关。

三、核酸浓度的测定方法

　　核酸浓度的测定是一项常规的定量实验。检测核酸浓度有助于在接下来的相关实验中确定酶和其他试剂的用量（比如载体酶切实验、NGS 建库实验），或者排除核酸在实验中的干扰（比如慢病毒包装实验），从而达到更准确的实验结果。目前核酸定量检测的方法主要有以下五种，如表 2-1 所示。

表 2-1　核酸浓度测定方法的比较

方法	原理	检测仪器	灵敏度	优点	缺点	应用
定磷法	磷含量折算	分光光度计	$1\sim10\mu g$	简单，高浓度核酸检测	易受蛋白质与核苷酸的影响	高浓度核酸检测

方法	原理	检测仪器	灵敏度	优点	缺点	应用
定糖法	醛类化合物颜色反应	分光光度计	$20\sim250\mu g$(RNA) $20\sim400\mu g$(DNA)	简单,高浓度核酸检测	特异性较差	高浓度核酸检测
紫外吸收法	芳香环结构的紫外吸收	分光光度计	大于$0.25ng/\mu L$	操作简便,迅速	特异性较差	常规核酸浓度检测
荧光光度法	特异性染料结合	分光光度计/Qubit	$0.2\sim100ng$	灵敏度较高	价格昂贵	低浓度核酸检测
qPCR法	荧光定量	荧光定量PCR仪	低至fg级别	灵敏度高,适合批量检测	操作时间长	低浓度核酸检测

1. 定磷法

核糖核酸（RNA）含磷量约为9.5%，脱氧核糖核酸（DNA）含磷量约为9.2%，采用定磷法可准确测出磷含量，进而折算出样品中核酸含量。在酸性条件下，定磷试剂中的钼酸铵以钼酸形式与样品中的磷酸反应，生成磷钼酸，当还原剂存在时，磷钼酸立即转变为蓝色的还原产物——钼蓝；钼蓝最大吸收在$650\sim660nm$波长处，根据吸光度制作标准曲线，计算出磷的含量，继而确定核酸的浓度。该方法的测定范围在$1\sim10\mu g$。方法简单快速，但易受蛋白质与核苷酸的影响。

2. 定糖法

核糖中的戊糖可在浓盐酸或者浓硫酸作用下脱水，生成的醛类化合物可与某些成色剂缩合成有色化合物，利用比色法或者分光光度法测定溶液的光吸收值，在一定的浓度范围内，溶液的光吸收值与核酸的含量成正比。

RNA浓度的测定：RNA与浓盐酸共热时发生降解，产生的核糖又可转变为糠醛，在$FeCl_3$或$CuCl_2$催化下，糠醛与3,5-二羟基甲苯（苔黑酚）反应形成绿色化合物，生成的绿色化合物在670nm处有最大的吸收值。测定范围在$20\sim250\mu g$。

DNA浓度的测定：DNA中的脱氧核糖在酸性环境中变成戊醛，与二苯胺试剂一起加热，产生蓝色化合物，生成的蓝色化合物在595nm处有最大吸收值。测定范围一般在$20\sim400\mu g$。该方法比较灵敏，但特异性较差。

3. 紫外吸收法

组成核酸分子的碱基，由于含有芳香环结构，具有紫外吸收的特性。波长为260nm时，DNA或RNA的光密度值（OD_{260}）不仅与总含量有关，也随构型的不同而有差异，对标准样品来说，浓度为$1\mu g/mL$时，DNA钠盐的$OD_{260}=0.02$；当$OD_{260}=1$时，双链DNA浓度约为$50\mu g/mL$，单链DNA浓度约为$37\mu g/mL$，RNA浓度约为$40\mu g/mL$，寡核苷酸浓度约为$30\mu g/mL$。当DNA样品中含有蛋白质、酚或其他小分子污染物时，会影响DNA吸光度的准确测定，一般情况下同时检测同一样品的OD_{260}、OD_{280}和OD_{230}，计算其比值来衡量样品的纯度。经验值一般为纯DNA：$OD_{260}/OD_{280}\approx1.8$（$>1.9$，表明有RNA污染；$<1.6$，表明有蛋白质、酚等污染）；纯RNA：$1.7<OD_{260}/OD_{280}<2.0$（$<1.7$时表明有蛋白质或酚污染；$>2.0$时表明可能有异硫氰酸残存）。若样品不纯，则$OD_{260}/OD_{280}$比值发生变化，此时无法用分光光度法对核酸进行定量分析，需要用其他方法进行估算。紫外吸收法操作简便，迅速，但只适用于测定浓度大于$0.25ng/\mu L$的核酸样品，无法区分出DNA、

RNA、降解核酸、游离核苷酸及其他杂质。

4. 荧光光度法

专门配套的荧光检测技术，需要使用与 DNA、RNA 或蛋白质结合后才发出荧光的染料，这些荧光染料只有与特异性的靶分子结合后才能发出荧光信号，通过检测荧光信号，推算特定目标分子的浓度。该方法可以对 DNA 和 RNA 进行精准定量，方法灵敏，简便，但是价格昂贵。

5. qPCR 法

qPCR 方法的全称是实时荧光定量核酸扩增检测系统（real-time quantitative PCR detecting system）。在 PCR 反应体系中，加入荧光物质，利用荧光信号的积累，实时检测整个 PCR 进程，最后通过标准曲线，使用荧光定量仪，计算对应的荧光值并转换对应的核酸浓度。该方法灵敏度高，误差小，需要特定的仪器，检测时间大约需要 1h。

紫外吸收法是目前实验室使用最多的核酸检测方法，也是目前核酸检测最快速的方法，代表仪器 Nanodrop，操作简单，迅速，可以在 2～3min 内出结果。荧光光度法是目前高灵敏度和快速检测的首选方法，代表仪器 Qubit，准确度较高，可在 5min 之内出结果。qPCR 法是目前灵敏度最高的核酸检测方法，主要用于较低浓度核酸检测。

四、凝胶电泳技术

1. 凝胶电泳技术

凝胶电泳（gel electrophoresis）或称胶体电泳，可用于核酸和蛋白质的分离。凝胶电泳通常用于分析，但也可以作为制备技术，纯化核酸分子，使核酸分子能更适合被某些方法［如质谱（MS）、聚合酶链式反应（PCR）、克隆技术、DNA 测序或者免疫印迹法］检测。凝胶电泳技术操作简便快速，可以分辨用其他方法（如密度梯度离心法）无法分离的 DNA 片段，当用低浓度的荧光嵌入染料溴化乙锭（ethidium bromide，EB）染色，在紫外光下可以检出含量低至 1～10ng 的 DNA 条带，确定 DNA 片段在凝胶中的位置，还可以从电泳后的凝胶中回收特定的 DNA 条带，用于后续的克隆技术操作。

实验室用于分离 DNA 的电泳有两种：琼脂糖凝胶电泳和聚丙烯酰胺凝胶电泳。琼脂糖凝胶电泳分离 DNA 片度的大小范围较广，不同浓度琼脂糖凝胶可分离长度从 200bp 至近50kb 的 DNA 片段，琼脂糖通常用水平装置在强度和方向恒定的电场下电泳。聚丙烯酰胺分离小片段 DNA（5～500bp）效果较好，其分辨力极高，甚至相差 1bp 的 DNA 片段都能分开。聚丙烯酰胺凝胶电泳很快，可容纳相对大量的 DNA（表 2-2），但制备和操作比琼脂

表 2-2　凝胶浓度与分离 DNA 片段大小关系

凝胶类型及浓度	分离 DNA 片段的大小范围/bp
0.3％琼脂糖	1000～50000
0.7％琼脂糖	1000～20000
1.4％琼脂糖	300～6000
4.0％聚丙烯酰胺	100～1000
10.0％聚丙烯酰胺	25～500
20.0％聚丙烯酰胺	1～50

糖凝胶困难。聚丙烯酰胺凝胶采用垂直装置进行电泳，一般实验室多用琼脂糖水平平板凝胶电泳装置进行 DNA 电泳（图 2-4）。

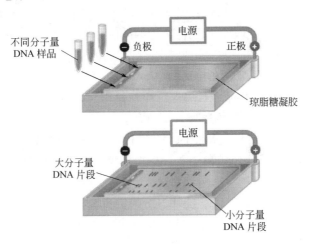

图 2-4　琼脂糖凝胶电泳示意图

琼脂糖是从海藻中分离的物质，主要成分是琼脂，由通过 1,3 苷键交替相连的 β-D-吡喃半乳糖残基和 3,6-α-L-吡喃半乳糖残基组成，形成分子量为 $10^4 \sim 10^5$ Da 的长链。琼脂糖加热溶解后分子呈随机线团状分布，当温度降低时链间糖分子上的羟基通过氢键作用相连接，形成孔径结构，而随着琼脂糖浓度不同形成不同大小的孔径。凝胶电泳的操作：首先需要制备一块凝胶，并加入样品；然后将热的琼脂糖溶液倒进一个插着"梳子"的浅盒子里，待凝胶凝固后拔去梳子，留下长方形的加样孔；向胶孔中加入少许 DNA，在中性 pH 条件下，接通电源，使电流通过凝胶；由于 DNA 分子带负电荷，因此向凝胶的另一端（正极）迁移；小 DNA 分子迁移速度快，靠近凝胶底部，大 DNA 分子迁移速度慢，靠近凝胶顶端；最后用荧光染料对 DNA 染色，并在紫外灯下进行检测。

随着实验技术的发展，针对不同用途开发了各种类型的琼脂糖凝胶：①低熔点琼脂糖凝胶，用于 DNA 片段的回收，且该种凝胶中无抑制酶，可在胶中进行酶切、连接等；②高熔点凝胶，可分离小于 1kb 的 DNA 片段，专用于 PCR 产物的分析；③快速凝胶，电泳速度比普通凝胶快一倍，可节省实验时间；④适用于 DNA 大片段分离的琼脂糖凝胶；⑤其他类型，各生产商还开发很多类型的凝胶，可根据实验要求选择不同类型的，选择原则是考虑合适的机械强度和熔点。

2. DNA 电泳影响因素

DNA 为酸性物质，在电泳（缓冲液 pH=8）时带负电荷，在一定的电场力作用下向正极泳动，而 DNA 链上的负电荷伴随着 DNA 分子量的增加而增加，荷质比是一常数，故电泳中 DNA 的分离类似分子筛效应。电泳中影响 DNA 分子泳动的因素很多，主要分两方面：DNA 分子特性和电泳条件，具体有以下几种。

① DNA 分子大小　DNA 分子越大，在胶中的摩擦阻力就越大，泳动也越慢，迁移速率与线状 DNA 分子量的对数值成反比。

② DNA 分子构型　对于质粒 DNA 分子，即使具有相同分子量，因构型不同也会造成电泳时受到的阻力不同，最终造成泳动速率的不同。常规电泳中质粒 DNA 分子的 3 种构型泳动速率：超螺旋最快，线状分子次之，开环分子最慢。

③ 不同的胶浓度　对于同种 DNA 分子，胶浓度越高，电泳速率越慢。不同胶浓度对于 DNA 片段呈现的线性关系有所区别，浓度较稀的胶，线性范围较宽；而浓的胶对小分子 DNA 片段呈现较好的线性关系。所以在常规实验中，采用高浓度的胶分离（有时凝胶浓度高达 2%）分离小片段 DNA 分子，而用低浓度的凝胶分离大片段 DNA 分子。

④ 电场强度　为了尽快得到实验结果，电泳时所用电场强度约为 5V/cm，这样的场强下虽能得到结果，但分辨率不高。在精确测定 DNA 分子大小时，应降低电压至 1V/cm，电场强度偏高时，电泳分离的线性范围会变窄，电压过高时，电泳过程中会产生大量热量导致 DNA 片段降解。实验中要根据需要选择合适电压，如对于 DNA 大片段的分离，可适当选择较低电压进行（在 Southern 印迹法中的 DNA 电泳），避免拖尾现象的产生，而对于小分子 DNA，由于其在凝胶中的快速扩散会导致条带模糊，可选用相对较高的电压以缩短电泳时间。

⑤ 溴化乙锭　溴化乙锭简称 EB，是 DNA 的染色剂，具有扁平结构，能嵌入到 DNA 碱基对之间，对线状分子与开环分子影响较小，而对超螺旋状态的分子影响较大。当 DNA 分子中嵌入的 EB 分子逐渐增多时，原来为负超螺旋状态的分子开始向共价闭合环状转变，电泳迁移速度由快变慢；当嵌入的 EB 分子进一步增加时，DNA 分子由共价闭合环状向正超螺旋状态转变，这时电泳迁移速率又由慢变快。这个临界点的游离 EB 质量浓度为 $0.1\sim0.5$g/mL，即电泳时所加入 EB 的浓度。因此一般电泳可以忽略此因素，也可采用电泳后染色的方法消除此影响因素。

⑥ 电泳缓冲液　目前有 3 种缓冲液适用于天然双链 DNA 的电泳：TAE、TBE 和 TPE。一般常用的 DNA 电泳选用 TAE 较多，电泳时间较短，而且成本比较低，但其缓冲容量较低，需经常更换电泳液。

3. DNA 电泳上样缓冲液

DNA 点样前必须加入一定量的上样缓冲液，主要作用如下。

① 螯合 Mg^{2+}，防止电泳过程中 DNA 被降解。一般上样缓冲液中含 10mmol/L 的 EDTA。

② 增加样品密度，以保证 DNA 沉入加样孔内。一般上样缓冲液中加入一定浓度的甘油或蔗糖，可以增加样品的密度，而在大片段电泳中宜采用 Ficoll（聚蔗糖），可减少 DNA 条带的弯曲和拖尾现象。

③ 指示剂，监测电泳的行进过程。一般加入泳动速率较快的溴酚蓝来指示电泳的前沿，它的移动速率约与 300bp 的线状双链 DNA 相同。目前厂商提供的限制性内切酶中都会赠送上样缓冲液，一般为 10× 上样缓冲液，DNA 样品中仅需加入 1/10 的量即可，加入过多的上样缓冲液会造成电泳时轻微的拖尾现象。

4. DNA 电泳上样量的控制

在分析性电泳中，一般每条带的样品投入量达 50~100ng 即可观察到清晰结果，而对于珍贵 DNA 样品，上样量达电泳的最低分辨率即每条带为 5~10ng 也可。对于一定量的 DNA，电泳时采用较薄的梳子制胶，则电泳时 DNA 条带相对较窄，观察较清晰；而随着电泳时间的延长，由于 DNA 分子本身有一定的扩散，电泳条带也会变浅。染色体 DNA 的酶切片段包含各种大小的条带，上样量即使超过 10mg，条带也不会拖尾，而单一条带 DNA（>10kb）上样量超过 200ng，就有可能产生拖尾现象。

5. DNA 电泳的标准分子量

目前各厂商开发了各种类型的标准分子量 DNA，有广泛用于 PCR 产物鉴定的小分子标准分子量 DNA，也有常规用的大分子标准分子量 DNA，图 2-5 为 TAKARA 公司提供的 DNA 标准分子量电泳图。

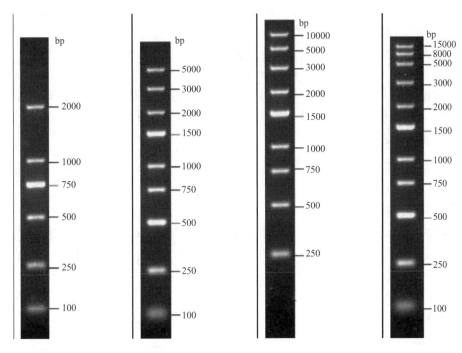

图 2-5　常用的 DNA 标准分子量电泳图

五、核酸的保存

核酸很容易被环境中存在的核酸酶分解，因此在一般的环境下能完整存在的时间很短，特别是 RNA 保存难度更大。纯化后的核酸，最后多使用水或者低浓度缓冲液溶解；其中 RNA 以水为主，DNA 则多以弱碱性的 Tris 或者 TE 溶解。经典的 DNA 溶解方法多提倡使用 TE 溶解，EDTA 可以减少 DNA 被可能残留下来的 DNase(DNA 酶) 降解的风险，如果操作过程控制得当，DNase 的残留几乎是可以忽略的，完全可以直接使用 Tris 或者水 (pH≈7.0) 溶解 DNA。

基本上，核酸在保存中的稳定性与温度成反比，与浓度成正比。如果温度合适，保存中核酸发生了降解或者消失，首要原因是酶残留，第二个原因则是保存核酸的溶液 pH 不合适 (RNA 在弱酸性溶液中更稳定，而 DNA 在弱碱性溶液中更合适)。还有一个不为人重视的因素，就是 1.5mL 离心管对核酸的影响，核酸一定会与装它的容器接触面发生反应，达到某种均衡。EP 管的材质，首先可能吸附核酸，其次还会诱导核酸的结构发生某些变化，如变性。在核酸的浓度比较高时，这个现象可能观察不到；当核酸浓度很低时，则比较明显了。在低浓度的核酸中加入明胶（Gelatin）、糖原（Glycogen）、牛血清白蛋白（BSA）可以稳定核酸。现在制造 EP 管的材料远多于过去，这些新出现的材料，在强度、透明度等物理特征方面可能比原来的纯 PP 材质要好许多，但其化学特征，尤其是对核酸稳定性的影响，远没有研究透彻。DNA 和 RNA 常采用以下方法保存。

1. 以溶液的形式置低温保存

DNA 溶于无菌 TE 缓冲液（10mmol/L Tris-HCl，1mmol/L EDTA，pH＝8.0）中，其中 EDTA 能整合溶液中二价金属离子，从而抑制 DNA 酶的活性（Mg^{2+} 是 DNA 酶的激活剂），pH＝8.0 是为了减少 DNA 的脱氨反应，哺乳动物细胞 DNA 长期保存时，可在 DNA 样品中加入 1 滴氯仿，避免细菌和核酸酶的污染。

RNA 一般溶于无菌 0.3mol/L 醋酸钠（pH＝5.2）或无菌双蒸馏水中，也可在 RNA 溶液中加 1 滴 0.3mol/L 氧钒核糖核苷复合物（VRC），其作用是抑制核糖核酸酶（RNase）的活性，避免 RNA 被酶解。核酸分子溶解于合适的溶液后可置 4℃、－20℃ 或－80℃ 条件下存放，4℃ 条件下样品可保存 6 个月左右，－80℃ 条件则可存放 5 年以上。

2. 以沉淀的形式置低温保存

乙醇是核酸分子有效的沉淀剂。提纯的 DNA 或 RNA 样品中加入乙醇，使之沉淀，离心后弃上清液，再加入乙醇，置 4℃、－20℃ 可存放数年，而且还可以在常温状态下邮寄。

3. 以干燥的形式保存

将核酸溶液按一定的量分装于 1.5mL 离心管中，置低温（盐冰、干冰、低温冰箱均可）预冻，然后在低温状态下真空干燥，置 4℃ 可存放数年以上，取用时只需加入适量的无菌双蒸馏水，待 DNA 或 RNA 溶解后便可使用。

📢 项目实施

【拟定计划】

① 根据参考方法或客户需求填写作业流程单（详见《项目学习工作手册》），列出操作要求。

② 按照实训中心给定的条件，合理划分工作阶段、小组工作任务和个人工作任务，填写工作计划及任务分工表（详见《项目学习工作手册》），报给主管（或教师）备案。

【材料准备】

全班讨论各个小组的方案，深入理解原理，按照选择的方案的需要，选择最佳方案，修订作业程序，填写材料申领单（详见《项目学习工作手册》）。

【任务实施】

任务一　SDS 法提取细菌总 DNA

① 接种供试菌于 LB 液体培养基，于 37℃ 振荡培养 16~18h，获得足够的菌体。

② 取 1.5mL 培养液于 1.5mL 离心管中，12000r/min 离心 30s，弃上清，收集菌体（注意吸干多余的水分）。

③ 如果是革兰阳性菌，应先加溶菌酶 100μg/mL 50μL，37℃ 处理 1h。

④ 向每管加入 200μL 裂解缓冲液（终浓度为 40mmol/L Tris-HCl，pH 8.0 20mmol/L 乙酸钠，1mmol/L EDTA，1％SDS），用吸管头迅速强烈抽吸以悬浮和裂解细菌细胞。

⑤ 向每管加入 66μL 5mol/L NaCl，充分混匀后，12000r/min 离心 10min，除去蛋白质复合物及细胞壁等残渣。

⑥ 将上清转移到新离心管中，加入等体积的苯酚氯仿异戊醇（Tris饱和酚：氯仿：异戊醇＝25：24：1），充分混匀后，12000r/min离心5min，进一步沉淀蛋白质。

⑦ 再取离心后的水层，再加等体积的苯酚氯仿异戊醇（Tris饱和酚：氯仿：异戊醇＝25：24：1），充分混匀后，12000r/min离心5min，进一步沉淀蛋白质。

⑧ 小心取出上清用预冷的两倍体积的无水乙醇沉淀DNA，15000r/min高速离心15min，离心弃上清液。

⑨ 用400μL 70%的乙醇洗涤两次。

⑩ 真空干燥后，用50μL TE或超纯水溶解DNA，－20℃冰箱放置备用。

任务二　紫外分光光度计测定总DNA浓度

① UV-240紫外分光光度计开机预热10min。

② 用重蒸水洗涤比色皿，吸水纸吸干，加入TE缓冲液后，放入样品室的S池架上，关上盖板。

③ 设定狭缝后校零。

④ 将标准样品和待测样品适当稀释（DNA 5μL或RNA 4μL用TE缓冲液稀释至1000μL）后，记录编号和稀释度。

⑤ 把装有标准样品或待测样品的比色皿放进样品室的S架上，关闭盖板。

紫外可见分光光度计操作

⑥ 设定紫外光波长，分别测定230nm、260nm、280nm波长下的OD值。

⑦ 计算待测样品的浓度与纯度，并转化成摩尔浓度。DNA样品的浓度（μg/μL）：OD_{260}×稀释倍数×50/1000。RNA样品的浓度（μg/μL）：OD_{260}×稀释倍数×40/1000。1mg 1000bp DNA＝1.52pmol即1pmol 1000bp DNA＝0.66mg。

任务三　琼脂糖凝胶电泳检测总DNA

(1) 琼脂糖凝胶的制备

① 缓冲液的制备：取50×TAE缓冲液20mL，加水至1000mL，配制成1×TAE稀释缓冲液，待用。

② 胶液的制备：称取1g琼脂糖，置于200mL锥形瓶中，加入100mL 1×TAE稀释缓冲液，放微波炉里（或电炉上）加热至琼脂糖全部熔化，取出摇匀，此为1%琼脂糖凝胶液。加热时应盖上封口膜，以减少水分蒸发。

琼脂糖凝胶电泳

③ 胶板的制备：琼脂糖胶液冷却至50～60℃，小心地倒入胶槽内，使胶液形成均匀的胶层，插上样品梳子，不能有气泡。室温下约30～45min后，琼脂糖溶液完全凝固，小心并垂直拔出梳子和挡板，注意不要损伤梳子底部的凝胶，清除碎胶。将凝胶放入电泳槽中，加入电泳缓冲液（1×TAE）至电泳槽中，使液面高于胶面约1mm。

(2) 电泳

① 加样：取18μL检测样品与2μL（1/10样品体积）的10×DNA上样缓冲液混匀，用微量移液枪小心加入样品槽中。小心操作，避免损坏凝胶或将样品槽底部凝胶刺穿。

② 电泳：加完样后，插上导线，打开电泳仪电源，按照需要调节电压至60～120V，电泳开始，观察电流情况或电泳槽中负极的铂金丝是否有气泡出现。当溴酚蓝条带移动到距凝胶前沿约1cm时，将电压（或电流）回零，关闭电源，停止电泳。

③ 染色并观察：取出凝胶，用 0.5μg/mL 的 EB 溶液浸泡染色 10min，用凝胶成像系统，在波长为 302nm 的紫外灯下观察染色后的或已加有 EB 的电泳胶板，DNA 存在处显示出肉眼可辨的橘红色荧光条带。

【任务记录】

按照作业程序完成工作任务，填写过程记录表及结果记录表（详见《项目学习工作手册》）。

【项目交付】

根据客户的订单，核对订单号，仔细检查标签，邮箱地址和交货地址，填写客户交货单（详见《项目学习工作手册》），完成交货流程。

复盘提升

复盘自己的操作流程，分析失败或成功原因，填写注意事项（详见《项目学习工作手册》）。

拓展知识

一、样品的采集和保存

样品的采集和保存是 DNA 提取的第一步，合适的样品采集和保存方法对于 DNA 提取的成功至关重要，尤其是有些珍贵样品，其采集和保存的方式更是需要特别关注。核酸提取之前，首先需要根据客户提供的生物样品，选择合适的提取方法，另外还要提醒客户根据不同生物样品选择合适的保存和运输条件，这样才能最大保证生物样品中的核酸不降解，见表 2-3。

表 2-3　提取核酸对生物样品的要求及保存、运输条件

样品类型	样品需求	保存条件	运输条件	备注
动物/植物组织	保存于 RNA 保存液中的动/植物组织，单个样品＞0.1g	−80℃	干冰	
临床样本	新鲜样本，保存于液氮中的临床样本，单个样品＞0.1g（尽量取新鲜组织）	−80℃	干冰	
种子样本	去壳新鲜或保存于液氮中的种子样本，单个样品＞0.2g	−80℃	干冰	
贴壁/悬浮细胞	加入 Trizol 后保存在−80℃中不超过一周的细胞样品，每 2×10⁶ 个细胞加入 400μL Trizol	−80℃	干冰	所有样本均须有唯一标记，且标记清晰可识
全血/血清样品	用抗凝管保存的外周血 5～10mL，骨髓 1～3mL；−80℃保存不超半周的白细胞匀浆＞400μL，每 400μL 加入 400μL Trizol	−80℃	干冰	
石蜡包埋样品	由标准的石蜡包埋盒包埋的石蜡块，有效厚度大于 0.1cm；新鲜的组织切片，每片厚度不超过 10μm，2～8 片，表面积不超过 250mm²	−20℃	冰袋	
引物	干粉，OD₂₆₀≥1，如需进行预实验，每个基因至少提供两对引物，附带公司引物合成单	−20℃	冰袋或常温	

常见生物样品有：血液类，包括人血、牛血、猪血、禽类血、血细胞、血斑、血凝块等；体液类，包括唾液、口腔拭子、精斑、乳液、组织细胞、羊水、尿液、尿沉渣等；组织样本，包括肠组织、胎盘、鼠尾、鼠趾、猪耳、虾、鱼等；植物样本，包括各种叶片、根茎（马铃薯）、藻组织（海带、海藻等）、菌类（香菇）等；环境样本，包括粪便、土壤、污泥等。

二、酚氯仿法提取全血 DNA

真核细胞中，DNA 主要存在于细胞核中，RNA 主要存在于细胞质及核仁里。提取真核细胞 DNA 时，通过研磨破坏细胞壁和细胞膜，使核蛋白被释放出来，在浓氯化钠溶液（1～2mol/L）中，DNA 核蛋白的溶解度很大，RNA 核蛋白的溶解度很小；而在稀氯化钠溶液（0.14mol/L）中，DNA 核蛋白的溶解度很小，RNA 核蛋白的溶解度很大。因此，可利用不同浓度的氯化钠溶液将 DNA 核蛋白和 RNA 核蛋白从样品中分别抽提出来。分离得到核蛋白后，需进一步将蛋白质等杂质除去，常采用的去除蛋白质的方法有 3 种：①用含异戊醇的氯仿振荡核蛋白溶液，使其乳化，然后离心除去变性蛋白质，此时蛋白质凝胶停留在水相和氯仿相中间，而 DNA 溶于上层水相，用两倍体积的无水乙醇溶液将 DNA 钠盐沉淀出来，如果用酸性乙醇或冰乙酸来沉淀，得到的是游离的 DNA；②用十二烷基硫酸钠（SDS）等去污剂使蛋白质变性，与核酸分离，故而可从材料中直接提取出 DNA；③用苯酚处理，然后离心分层，DNA 溶于上层水相，蛋白质变性后则停留在酚层内，吸出上面水层，加两倍体积的无水乙醇溶液，得到白色纤维状 DNA 沉淀。反复使用上述方法多次处理 DNA 核蛋白溶液，就能将蛋白质等杂质较彻底地除去，得到较纯的 DNA 制品，为了彻底除去 DNA 制品中混杂的 RNA，可用 RNA 酶处理。生物材料中含有的脂肪物质和大部分的多糖，在用盐溶液分离核蛋白和用乙醇或异丙醇分级沉淀时即被除去。

DNA 在提取、制备的过程中极不稳定，许多因素可破坏其完整结构：①化学因素，核酸的结构在 pH 为 4.0～11.0 时较稳定，pH 在此范围外就会使核酸变性降解，故制备过程应避免过酸、过碱；②物理因素，DNA 分子链很长，是双螺旋结构，既有一定的柔性，又有一定的刚性，故强机械作用如剧烈搅拌会令 DNA 分子断裂，不利于收集，应加以避免；③酶的作用，细胞中普遍存在的核酸酶在细胞壁或膜遭到破坏时被释放出来，它会降解 DNA 分子，故须用酶的变性剂、抑制剂使之失活，常用的酶抑制剂有柠檬酸盐、氟化物、砷酸盐、乙二胺四乙酸盐（ETDA-Na$_2$）等，SDS 和苯酚作为蛋白变性剂，同时可使核酸酶被破坏而失活。

酚氯仿法提取血液 DNA 是比较经典和传统的方法，该方法是先从全血中分离白细胞，再通过蛋白酶 K 消化，通过酚、氯仿的抽提，使 DNA 进入水相与蛋白质成分分开，在 RNase 作用下，降解 RNA；在匀浆后提取 DNA 的反应体系中，SDS 可破坏细胞膜、核膜并使组织蛋白与 DNA 分离，EDTA 则抑制细胞中 DNase 的活性，蛋白酶 K 能在 SDS 和 EDTA 存在下保持很高的活性，可将蛋白质降解成小肽或氨基酸使 DNA 分子完整地分离出来。氯仿-异戊醇溶液中的氯仿可以使核蛋白变性沉淀并加速有机相与液相分层，异戊醇有助于消除抽提过程中产生的气泡，并将核酸物质萃取出来，再向萃取液中加入两倍体积乙醇，由于 DNA 不溶于乙醇等有机溶剂，因此可以通过乙醇沉淀来纯化和浓缩 DNA。

1. 裂解细胞

① 在 1.5mL 离心管中加入 1mL 人全血或小鼠全血和枸橼酸钠或 EDTA 或肝素抗凝，

或用 1 个小鼠脾脏制备的细胞悬液，5000r/min 离心 5min，收集所有细胞。弃上清。

② 沉淀物用 1mL 的红细胞裂解液洗涤 3 次，5000r/min 离心 5min，弃去上清液，倒干。

③ 在每个 1.5mL 离心管中加入 700μL 细胞裂解液，充分混匀 10min。

④ 加入 30μL 的蛋白酶 K（终浓度为 20mg/mL），振荡 10min。

⑤ 55℃，220r/min，水浴振荡过夜消化。

2. DNA 提取

① 将消化后的血液加入 600μL 的 Tris 饱和酚，缓慢颠倒离心管 10min，然后 12000r/min 离心 10min，用大口径的枪头小心吸取 600μL 上清液至干净的离心管中。

② 重复步骤 1，提取效果更好。

③ 加入 600μL 的酚-氯仿（Tris 饱和酚∶氯仿＝1∶1），缓慢颠倒离心管 10min，然后 12000r/min 离心 10min，用大口径的枪头小心吸取 600μL 上清液至干净的离心管中。

④ 加入 600μL 的氯仿-异戊醇（氯仿∶异戊醇＝24∶1），缓慢颠倒离心管 10min，然后 12000r/min 离心 10min，用大口径的枪头小心吸取 300μL 上清液至干净的离心管中。

⑤ 加入 1000μL 的无水乙醇，轻摇离心管，待有白色絮状沉淀出现停止摇动。

⑥ 用枪头小心将 DNA 沉淀挑出，置于盛有 300μL 70% 乙醇的离心管中洗涤，8000r/min 离心 3～5min，弃上清；或者 8000r/min 离心 3～5min，倒掉上清，再加入 300μL 70% 乙醇洗涤，8000r/min 离心 3～5min，弃上清。

⑦ 将乙醇倒干净，室温下让乙醇挥发，晾干 2～3min。

⑧ 加入 100μL 双蒸水（或者适量 TE 缓冲液）溶解 DNA，溶解好的 DNA 于 4℃过夜保存。然后置于 −20℃长期保存。

3. DNA 质量和浓度检测

① 用 Nanodrop2000 测量 DNA 浓度及 OD 值，$OD_{260}/OD_{280}＝1.8～2.0$，质量较好。

② 用 1.0% 琼脂糖凝胶电泳检测 DNA。

4. 试剂

① 红细胞裂解液：1L 溶液中包含 NH_4Cl 0.802g、$NaHCO_3$ 0.84g、Na_2-EDTA·$2H_2O$ 37.22g，pH 7.4。

② 细胞裂解液：500mL 溶液中包含 NaCl 2.92g、SDS 5g、Tris 0.61g，10mL Triton-X-100，pH 8.0。

5. 注意事项

① 常用的血液抗凝剂有 EDTA、枸橼酸钠（ACD）和肝素等，需注意的是，如欲制备大分子量的血液基因组 DNA，可优先考虑使用 ACD 抗凝。一般不使用肝素抗凝，因为用从肝素抗凝的血液中提取的基因组 DNA 进行 PCR 扩增时，有 PCR 扩增抑制现象。

② 样品应避免反复冻融，否则会导致提取的 DNA 片段较小且提取量也下降。

③ 绝大多数哺乳动物全血中的红细胞无核，故在提取基因组 DNA 时需去除不含 DNA 的无核红细胞，以免影响白细胞裂解和 DNA 释放。如果处理的血样为禽类、鸟类、两栖类或更低级生物的血液，其红细胞为有核细胞，因此处理量减少为 5～20μL，不需要再用红细胞裂解液来裂解红细胞。

三、CTAB 法提取植物 DNA

CTAB 法是一种快速简便的提取植物总 DNA 的方法。CTAB（十六烷基三甲基溴化铵）是一种阳离子型去污剂，它不仅能使蛋白质变性，而且还能与核酸形成特异的核酸-CTAB 复合物，这种复合物溶于高盐缓冲液（≥0.7mol/L NaCl），降低盐浓度，通过超速离心能选择性地沉淀核酸，并与多糖等可溶性杂质分开。CTAB-核酸复合物再用 70%～75%乙醇浸泡可洗脱掉 CTAB。提取时先将新鲜的叶片在液氮中研磨，破碎其细胞，然后加入 CTAB 分离缓冲液，将 DNA 溶解出来，再经氯仿-异戊醇抽提除去蛋白质，最后通过异丙醇沉淀或低盐离心得到 DNA。

1. 操作方法

① 将 10mL CTAB 分离缓冲液加入 50mL 离心管中，置于 65℃水浴中预热。

② 称取 1.5g 叶片，置于预冷的研钵中，倒入液氮，尽快将叶片研碎。

③ 取 1g 粉末直接加入预热的 CTAB 分离缓冲液中，轻轻转动使之混匀。

④ 样品于 65℃保温 30min，每 5～10min 混匀一次。

⑤ 加等体积（10mL）的氯仿-异戊醇，轻轻颠倒混匀。

⑥ 室温下 4000r/min 离心 10min。

⑦ 用胶头滴管将上层水相吸入另一干净的离心管中（注意不要吸动悬浮的细胞碎片和中间白色的蛋白质层），向离心管中加入 2/3 体积的异丙醇，轻轻混匀，使 DNA 析出（有些情况下，这一步可以产生云雾状的 DNA，如果看不到云雾状的 DNA，样品则可以在冰浴中放置数小时甚至过夜）。用下述方法收集 DNA。

a. 如果析出的 DNA 呈云雾状，则用玻璃棒在 DNA 中轻轻转动，缠起 DNA，然后将玻璃棒转移至 20mL 洗涤缓冲液中浸泡洗涤 10min（不要将 DNA 沉淀从玻璃棒上弄掉）。如果看不到云雾状的 DNA，可将离心管在 4000r/min 离心 5min，小心地倒掉上清液，在松散的沉淀中加入 20mL 洗涤缓冲液，轻轻转动离心管，洗涤核酸沉淀 10min，然后离心，小心地倒掉上清液，让 DNA 沉淀自然干燥 20min。

b. 用玻璃棒缠出 DNA（或者 12000r/min，2min 离心），在室温下使 DNA 自然干燥 20min。将自然干燥的 DNA 溶于 1mL TE 缓冲液中，-20℃保存备用。

2. 试剂

① 1mol/L Tris-HCl(pH 8.0)：Tris 121.1g 溶于蒸馏水，用浓 HCl 调至 pH 8.0，以蒸馏水定容至 1000mL。

② CTAB 分离缓冲液：2g CTAB，8.18g NaCl，0.74g EDTA-Na_2-$2H_2O$，10mL 1mol/L 的 Tris-HCl（pH8.0），0.2mL 巯基乙醇，加水定容到 100mL。

③ 洗涤缓冲液（70%乙醇，10mmol/L 乙酸铵）：70mL 无水乙醇，0.077g 乙酸铵，加水到 100mL。

④ TE 缓冲液：10mmol/L Tris-HCl（pH 7.4），1mmol/L EDTA。

⑤ 氯仿-异戊醇：24∶1。

项目三

质粒的提取及检测

项目简介

质粒载体是在天然质粒的基础上为适应实验室操作而进行了人工改造的质粒。与天然质粒相比，质粒载体通常带有一个或一个以上的选择性标记基因（如抗生素抗性基因）和一个人工合成的、含有多个限制性内切酶识别位点的多克隆位点序列，并去掉了大部分非必需序列，使分子量尽可能减少，以便于基因操作技术的进行。

质粒的提取和检测是基因操作技术必备技能之一。提取质粒 DNA 的方法有很多种，从提取产量上可分为微量提取、中量提取和大量提取，从使用仪器上可分为一般提取和试剂盒方法提取，从具体操作方法上可以分为碱裂解法、煮沸法、牙签法等。各种不同的方法各有其优缺点，可根据不同实验目的选择合适的提取方法。

碱裂解法提取质粒 DNA 是经典的方法，由 Birnboim 和 Doly 设计并于 1979 年发表。该方法不仅适用于大肠杆菌质粒的提取，也广泛应用于其他微生物质粒的提取，提取质粒 DNA 过程见图 3-1。在碱裂解法提取质粒的整个过程中主要用到 3 种溶液，即溶液Ⅰ、溶液Ⅱ和溶液Ⅲ。其核心原理是，在碱性条件下线状 DNA 发生变性，质粒 DNA 维持环状；在高盐条件下复性，变性的染色体 DNA 会形成沉淀，从而将质粒 DNA 与染色体 DNA 分开

（图 3-1）。对于高拷贝的质粒，如 pUC 和 pGEM 系列的质粒，一般每毫升培养液可得到 3～5μg DNA，可以满足大多数常规 DNA 操作。

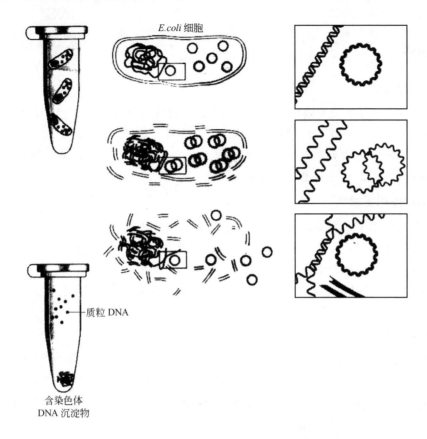

图 3-1　碱裂解法提取质粒 DNA 过程

在微量提取过程中，一般取 1～2mL 菌体培养物，离心去掉培养液，用缓冲液洗去残液和菌体碎片或分泌物。要提取质粒必须首先破碎细胞让质粒从细胞中游离出来。为此，第一步先用溶液Ⅰ将细胞悬浮起来。第二步加入 2 倍于溶液Ⅰ体积的溶液Ⅱ，该溶液含有 0.2mol/L NaOH 和 1% SDS，在这种情况下，细胞会很快破裂，使混浊的细胞悬液变成完全澄清的黏稠液体。此时，在 pH 12.0～12.5 这样狭小的范围内染色体 DNA 和蛋白质变性，质粒 DNA 被释放到上清中。细菌蛋白质、破裂的细胞壁和变性的染色体 DNA 会相互缠绕形成大型复合物，后者被 SDS 包被。虽然碱性溶剂使碱基配对被完全破坏，但闭环的质粒 DNA 双链不会彼此分离，因为它们在拓扑学上是相互缠绕的。最后，加入 1.5 倍于溶液Ⅰ体积的溶液Ⅲ，该溶液为高浓度的醋酸钾缓冲液（3mol/L，pH 4.6）。在中和过程中，当钾离子取代钠离子后，复合物从溶液中沉淀下来。而质粒 DNA 在变性之后经过中和仍保持环状，处于可溶解状态。经高速离心，上清液即为质粒 DNA 粗制品。在该粗制品中含有大量的盐，以及小分子 RNA 和部分蛋白质，一般不能直接使用。用两倍体积的乙醇进行 DNA 沉淀，便可获得质粒 DNA 样品。此时该样品可满足一般的操作要求，如酶切等。在乙醇沉淀之前，可用 RNase A 去除 RNA，用苯酚/氯仿抽提去除蛋白。如果要得到更高纯度要求的样品，可作进一步纯化处理，如密度梯度离心等。

项目引导

一、载体

1. 载体的概念

能将外源 DNA 分子或基因携带入宿主细胞的工具称为载体（vector）。现有基因操作技术中所用的载体是根据野生型的质粒、病毒 DNA 或者染色体 DNA 改造后形成的。这些载体除了具有上述载体的普遍特征之外，依据不同的研究目的，通常还会增加一些其他的元件，如表达载体具有启动子和翻译的相关元件等。

2. 理想载体的要求

理想的载体一般要有合适的酶切位点，供外源 DNA 片段插入，同时不影响其复制；能在宿主细胞中复制繁殖，而且要有较高的自主复制能力；载体通常具有选择标记，当其进入宿主细胞或携带着外来的核酸序列进入宿主细胞都能容易被辨认和分离出来；载体通常对受体细胞不具有毒性，同时对环境不存在显著的影响；最好有较高的拷贝数，便于载体的提取。

3. 载体的分类

载体按照来源可以分为质粒载体、噬菌体载体（包括以噬菌体和质粒为基础构建的 Cosmid 载体）、人工染色体载体（YAC、BAC、PAC 和 TAC）等。按照应用对象可以分为原核生物基因克隆载体、植物基因克隆载体和动物基因克隆载体等，按照表达的方式可以分为正向表达载体和反向表达载体。

二、质粒载体

质粒是染色体外的遗传因子，能进行自我复制（但依赖于宿主编码的酶和蛋白质），大多数为双链、闭环 DNA 分子，少数为线性分子，大小一般为 1～200kb，有的更大。质粒的表型多种多样，能对抗生素产生抗性、降解复杂有机化合物、产生毒素（如大肠杆菌素，肠毒素）、合成限制性内切酶或修饰酶、生物固氮和杀虫等。

通常一个质粒含有一个与相应的顺式作用控制要素结合在一起的复制起始区（整个遗传单位定义为复制子）。在不同的质粒中，复制起始区的组成方式是不同的，有的可决定复制的方式，如滚环复制和 θ 复制。

按照质粒控制拷贝数的程度，可将质粒的复制方式分为严谨型与松弛型。严谨型质粒在每个细胞中的拷贝数有限，大约 1 个至几个；松弛型质粒拷贝数较多，可达几百个。表 3-1 列举了不同类型质粒与复制子及拷贝数的大致关系。

表 3-1　质粒载体及其拷贝数

质粒	复制子来源	拷贝数
pBR322 及其衍生质粒	pMB1	1000～3000
pUC 系列质粒及其衍生质粒	突变的 pMB1	500～700

质粒	复制子来源	拷贝数
pACYC 及其衍生质粒	p15A	10～212
pSC101 及其衍生质粒	pSC101	1～5
ColE1	ColE1	15～20

三、质粒载体的种类

质粒克隆载体经历了三个发展阶段。在 pBR322 质粒出现之前，pSC101 和 ColE1 应用较多，但其分子量大且酶切位点少。由于转化效率与大小成反比，所以质粒大于 15kb 时，转化效率成为限制因素。同时质粒越大，越难于用限制性内切酶切法进行鉴定；质粒越大，拷贝数就越低。在 pBR322 质粒出现以后，通过调整载体的结构，载体的工作效率得到巨大提高。pUC 质粒去掉了多余片段，并安装了多克隆位点和筛选标记等。以后在此基础上，又增加了辅助功能，形成了表达载体和穿梭载体等功能性载体。

1. pBR322 质粒载体

pBR322 质粒载体中的"p"代表质粒；"BR"代表两位研究者 Bolivar 和 Rogigerus 姓氏的字首，"322"是实验编号。pBR322 质粒的大小为 4361bp，分子量较小，它带有一个复制起始位点，保证了该质粒只在大肠杆菌的细胞中行使复制的功能。pBR322 质粒具有两种抗生素抗性基因——氨苄青霉素抗性基因和四环素抗性基因，可供转化子的选择标记，同时具有较高的拷贝数，每个细胞中可累积 1000～3000 份拷贝，该特性为重组体 DNA 的制备提供了极大的方便。pBR322 质粒是由 pSF2124、pMB1 及 pSC101 三个亲本质粒经复杂的重组过程构建而成的。目前使用广泛的许多质粒载体几乎都是由此发展而来的。利用四环素抗性基因内部的 *Bam*H I 位点来插入外源 DNA 片段，可通过插入失活筛选重组子（图 3-2）。

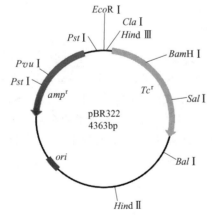

图 3-2 pBR322 质粒载体图谱

2. pUC18 质粒和 pUC19 质粒载体

pUC18 和 pUC19 的大小只有 2686bp，是最常用的质粒载体，其结构组成紧凑，几乎不含多余的 DNA 片段（图 3-3），GenBank 注册号为 L08752（pUC18）和 X02514（pUC19）。由

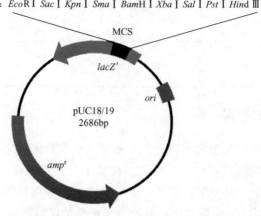

pUC18: *Hind* Ⅲ *Pst* Ⅰ *Sal* Ⅰ *Xba* Ⅰ *BamH* Ⅰ *Sma* Ⅰ *Kpn* Ⅰ *Sac* Ⅰ *Eco*R Ⅰ
pUC19: *Eco*R Ⅰ *Sac* Ⅰ *Kpn* Ⅰ *Sma* Ⅰ *BamH* Ⅰ *Xba* Ⅰ *Sal* Ⅰ *Pst* Ⅰ *Hin*d Ⅲ

图 3-3　pUC18 质粒载体图谱

pBR322 改造而来，其中 *lacZ* 基因（含多克隆位点，MCS）来自噬菌体载体 M13mp18/19。

pUC18 和 pUC19 两个质粒的结构几乎是完全一样的，只是多克隆位点的排列方向相反。这些质粒缺乏控制拷贝数的 *rop* 基因，因此其拷贝数达 500～700。pUC 系列载体含有一段 LacZ 蛋白氨基末端的部分编码序列，在特定的受体细胞中可表现 α-互补作用。因此在多克隆位点中插入了外源片段后，可通过 α-互补作用形成的蓝色和白色菌落筛选重组载体。

3. pUC118 和 pUC119 质粒载体

pUC118/119 由 pUC18/19 增加了一些功能片段改造而来，大小为 3162bp，GenBank 注册号为 U07649（pUC118）和 U07650（pUC119）。相当于在 pUC18/19 中增加了带有 M13 噬菌体 DNA 合成的起始与终止以及包装进入噬菌体颗粒所必需的顺式序列（IG），当含这些质粒的细胞被适当的 M13 丝状噬菌体感染时，可合成质粒 DNA 的其中一条链，并包装在子代噬菌体颗粒中（图 3-4）。通过纯化噬菌体颗粒，可制备单链 DNA、测定 DNA 序列、定点诱变或制备探针。因此，这类质粒也称噬菌粒（phagemid）。

4. pGEM-3Z/4Z 质粒载体

pGEM-3Z/4Z 由 pUC18/19 增加了一些功能片段改造而来，大小为 2.74kb，GenBank 注册号为 X65304（pGEM-3Z，2743bp）和 X65305（pGEM-4Z，2746bp）（图 3-5）。与 pUC18/19 相比，在多克隆位点的两端添加了噬菌体的转录启动子，如 Sp6 噬菌体和 T7 噬菌体的启动子。pGEM-3Z 和 pGEM-4Z 的差别在于二者互换了两个启动子的位置。利用这些载体，在克隆到目的 DNA 片段后，可在体外进行转录得到 RNA，用于体外蛋白质的合成，或用作克隆邻近 DNA 片段的探针。其他类似载体只是在多克隆位点两端各加入的启动子类型不同或只在一端有启动子。

5. T 载体

很多 DNA 聚合酶在进行 PCR 扩增时会在 PCR 产物双链 DNA 每条链的 3′端加上一个突出的碱基 A。pGEM-T 载体是一种已经线性化的载体，载体每条链的 3′端带有一个突出的 T（图 3-6）。这样，pGEM-T 载体的两端就可以和 PCR 产物的两端进行正确的 AT 配对，在连接酶的催化下，就可以把 PCR 产物连接到 pGEM-T 载体中，形成含有目的片断的重组载体。

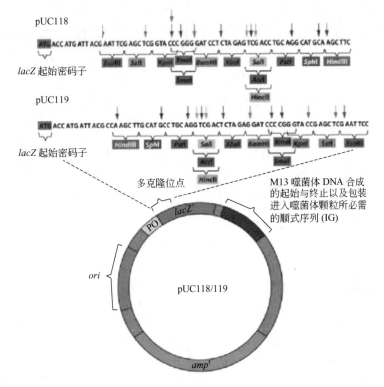

图 3-4 pUC118/119 质粒载体图谱

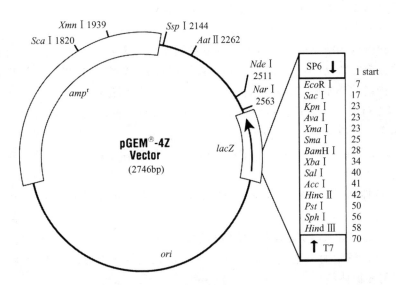

图 3-5 pGEM-4Z 质粒载体图谱

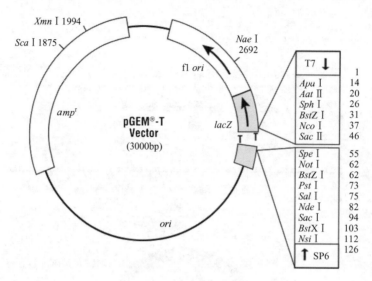

图 3-6　pGEM-T 质粒载体图谱

四、标记基因

按其用途可将标记基因分为选择标记基因和筛选标记基因。选择标记用于鉴别目标 DNA（载体）的存在，将成功转化了载体的宿主挑选出来，而筛选标记可用于将装载了外源 DNA 片段的重组子挑选出来。

1. 选择标记基因

抗生素抗性基因是目前使用最广泛的选择标记。

① 氨苄青霉素抗性基因　氨苄青霉素抗性基因（ampicillin resistance gene，amp^r）是基因操作中使用最广泛的选择标记，绝大多数在大肠杆菌中应用的质粒载体都带有该基因。青霉素是一类化合物的总称，其分子结构由侧链 R-CO- 和主核 6-氨基青霉烷酸（6-APA）两部分组成，在 6-APA 中有一个饱和的噻唑环（A）和一个 β-内酰胺环，6-APA 为由 L-半胱氨酸和缬氨酸缩合成的二肽。青霉素可抑制细胞壁中肽聚糖的合成，与有关的酶结合并抑制其活性，并抑制转肽反应。氨苄青霉素抗性基因编码一个酶，该酶可分泌进入细菌的周质区，并催化 β-内酰胺环水解，从而解除了氨苄青霉素的细菌毒性。

② 四环素抗性基因　四环素可与核糖体 30S 亚基的一种蛋白质结合，从而抑制核糖体的转位。四环素抗性基因（tetracycline resistance gene，tet^r）编码一个由 399 个氨基酸组成的膜结合蛋白，可阻止四环素进入细胞。pBR322 质粒除了带有氨苄青霉素抗性基因外，还带有四环素抗性基因。

③ 氯霉素抗性基因　氯霉素可与核糖体 50S 亚基结合并抑制蛋白质合成。目前使用的氯霉素抗性基因（chloramphenicol resistance gene，Cm^r，cat）来源于转导性 P1 噬菌体（也携带 Tn9）。cat 基因编码氯霉素乙酰转移酶，一个四聚体细胞质蛋白（每个亚基分子质量为 23kDa）。在乙酰辅酶 A 存在的条件下，该蛋白催化氯霉素形成氯霉素羟乙酰氧基衍生物，使之不能与核糖体结合。

④ 卡那霉素抗性基因和新霉素抗性基因　卡那霉素和新霉素是氨基糖苷类抗生素，都可与核糖体结合并抑制蛋白质合成。卡那霉素抗性基因和新霉素抗性基因（kanamycin/neomycin resistance gene，kan^r，neo^r）实际是一种编码氨基糖苷磷酸转移酶（APH（$3'$）-Ⅱ，分子质量为 25kDa）的基因，氨基糖苷磷酸转移酶可使这两种抗生素磷酸化，从而干扰了它们向细胞内的主动转移。在细胞中合成的这种酶可以分泌至外周质腔，保护宿主不受这些抗生素的影响。

⑤ 正向选择标记基因　正向选择标记基因可表达一种使某些宿主菌致死的基因产物，而含有外源基因片段插入后，该基因便失活。如蔗糖致死基因 sacB，来自淀粉水解芽孢杆菌（Bacillus amyloliquefaciens），编码果聚糖蔗糖酶（levansucrase），在含蔗糖的培养基上 sacB 基因的表达对大肠杆菌来说是致死的，因此该基因可用于插入失活筛选重组子。

2. 筛选标记

筛选标记主要用来区别重组载体与非重组载体，当一个外源 DNA 片段插入到一个质粒载体上时，可通过该标记来筛选插入了外源片段的质粒，即重组载体。

① α-互补　α-互补（α-complementation）是指 lacZ 基因上缺失近操纵基因区段的突变体与带有完整的近操纵基因区段的 β-半乳糖苷酶（β-galactosidase，由 1024 个氨基酸组成）基因的突变体之间实现互补。α-互补是基于在两个不同的缺陷 β-半乳糖苷酶之间可实现功能互补而建立的。大肠杆菌的乳糖 lac 操纵子中的 lacZ 基因编码 β-半乳糖苷酶，如果 lacZ 基因发生突变，则不能合成有活性的 β-半乳糖苷酶。例如，lacZ△M15 基因是缺失了编码 β-半乳糖苷酶中第 11～41 个氨基酸的 lacZ 基因，无酶学活性。对于只编码 N 端 140 个氨基酸的 lacZ 基因（称为 lacZ'），其产物也没有酶学活性。但这两个无酶学活性的产物混合在一起时，可恢复 β-半乳糖苷酶的活性，实现基因内互补。

一些载体（如 pUC 系列质粒）在 lacZ' 编码区上游插入一小段 DNA 片段（如 51 个碱基对的多克隆位点），不影响 β-半乳糖苷酶的功能内互补。但是，若在该 DNA 小片段中再插入一个片段，将几乎不可避免地导致产生无 α-互补能力的 β-半乳糖苷酶片段。利用这一互补性质，可用于筛选在载体上插入了外源片段的重组载体。在相应的载体系统中，lacZ△M15 放在 F 质粒上，随宿主传代；lacZ' 放在载体上，作为筛选标记（图 3-3）。相应的受体菌有 JM 系列、TG1 和 XL1-Blue，前二者均带有 △（lac-proAB）F'［proAB + lacI^q lacZ △M15］基因型。其中 lacI 为 lac 阻抑物的编码基因，lacI^q 突变使阻抑物产量增加，防止 lacZ 基因渗漏表达。

添加 IPTG（异丙基硫代-β-D-半乳糖苷）以激活 lacZ' 中的 β-半乳糖苷酶的启动子，菌落在含有 X-gal 的固体平板培养基中呈现蓝色，以上是携带空载体的菌株产生的表型。当外源 DNA（目的片段）与含 lacZ' 的载体连接时，会插入进 MCS（位于 LacZ' 中的多克隆位点），使 α 肽链读码框破坏，这种重组载体不再表达 α 肽链，将它导入宿主缺陷菌株则无 α 互补作用，不产生活性 β-半乳糖苷酶，即不可分解培养基中的 X-gal 产生蓝色，培养表型即呈现白色菌落。这种重组子的筛选，称为蓝白斑筛选。实验中，通常蓝白斑筛选是与抗性筛选一同使用的。含 X-gal 的平板培养基中同时含有一种或多种载体所携带抗性相对应的抗生素，这样，一次筛选可以判断出：未转化的菌不具有抗性，不生长；转化了空载体，即未重组载体的菌，长成蓝色菌落；转化了重组载体的菌，即目的重组菌，长成白色菌落（图 3-7）。

② 插入失活　通过插入失活（insertional inactivation）进行筛选的质粒主要有 pBR322，该质粒具有四环素抗性基因和氨苄青霉素抗性基因两种抗性标记。当外源 DNA 片段插入 tet^r 基因后，导致 tet 基因失活，变成只对氨苄青霉素有抗性。这样就可通过检测

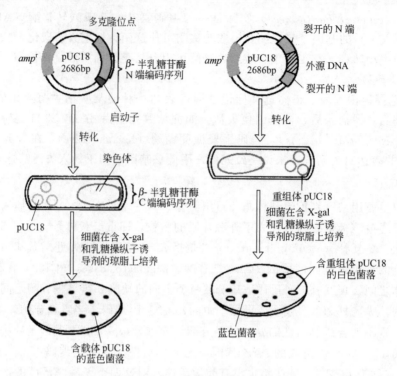

图 3-7　蓝白斑筛选转化子原理示意图

对抗生素是双抗性还是单抗性来筛选是否有外源片段插入到载体中（图 3-8）。

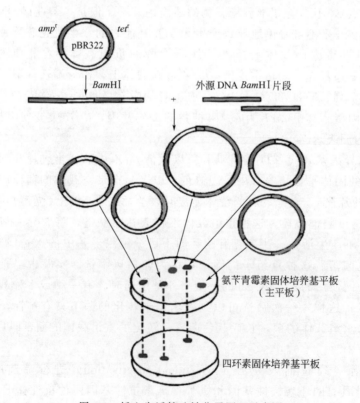

图 3-8　插入失活筛选转化子原理示意图

项目实施

【拟定计划】

① 根据参考方法或客户需求填写作业流程单（详见《项目学习工作手册》），列出操作要求。

② 按照实训中心给定的条件，合理划分工作阶段、小组工作任务和个人工作任务，填写工作计划及任务分工表（详见《项目学习工作手册》），报给主管（或教师）备案。

【材料准备】

全班讨论各个小组的方案，深入理解原理，按照选择的方案的需要，选择最佳方案，修订作业程序，填写材料申领单（详见《项目学习工作手册》）。

【任务实施】

任务一　碱裂解法提取大肠杆菌质粒

① 大肠杆菌过夜活化，按照 1% 接种量接种 10mL LB 液体培养基，250r/min，37℃振荡培养 4h。

② 取大肠杆菌培养液 3mL 于微量离心管，12000r/min 离心 1min。

③ 弃上清液，倒扣在滤纸片上吸去残液，加入 100μL 溶液Ⅰ（1% 葡萄糖，50mmol/L EDTA pH 8.0，25mmol/L Tris-HCl pH 8.0）；吹散菌体，冰上放置 5min。

质粒的提取

④ 加入 200μL 溶液Ⅱ（0.2mmol/L NaOH，1% SDS，现用现配），轻柔颠倒混匀，冰上放置 5min。

⑤ 加入 150μL 溶液Ⅲ（5mol/L KAc，pH 4.8），颠倒混匀，冰上放置 5min；4℃，12000r/min 离心 5min。

⑥ 将上清液转移到新离心管中，加入等体积的苯酚-氯仿-异戊醇（Tris 饱和酚：氯仿：异戊醇＝25：24：1），充分混匀后，12000r/min 离心 5min，进一步沉淀蛋白质。

⑦ 吸上清液（约 400μL）至另一离心管；加两倍体积（800μL）预冷的无水乙醇，混匀，冰上放置 30～60min；4℃，12000r/min 离心 5min。

⑧ 弃上清液，加 800μL 70% 乙醇漂洗一次。弃上清液，将离心管倒置于滤纸上，除尽乙醇，自然风干。

⑨ 加入 20μL TE 缓冲液（含有 RNAase，10mg/mL），溶解质粒 DNA；放入离心管盒，−20℃保存备用。

任务二　紫外分光光度计测定质粒浓度

具体操作见项目二。

任务三　琼脂糖凝胶电泳检测质粒

具体操作见项目二。

【任务记录】

按照作业程序完成工作任务，填写过程记录表及结果记录表（详见《项目学习工作手册》）。

【项目交付】

根据客户的订单，核对订单号，仔细检查标签，邮箱地址和交货地址，填写客户交货单（详见《项目学习工作手册》），完成交货流程。

复盘提升

复盘自己的操作流程，分析失败或成功原因，填写注意事项（详见《项目学习工作手册》）。

项目拓展

一、乳糖操纵子

1. 乳糖操纵子结构及调控方式

1940 年，Monod 发现大肠杆菌在含有葡萄糖和乳糖的培养基上生长时，细菌先利用葡萄糖，葡萄糖用完以后，才利用乳糖；1961 年雅各布（F. Jacob）和莫诺德（J. Monod）根据对该系统的研究提出了著名的细菌基因表达调控的操纵子学说。很多功能上相关的基因前后相连成串，由一个共同的控制区进行转录调控，包括结构基因及调节基因的整个 DNA 序列，共同组成一个转录单位，也叫操纵子。操纵子主要见于原核生物的转录调控，如乳糖操纵子、色氨酸操纵子等。

乳糖操纵子是参与乳糖分解的一个基因群，由乳糖系统的阻遏物和操纵序列组成，使得一组与乳糖代谢相关的基因受到同步的调控。在大肠杆菌的乳糖系统操纵子中，β-半乳糖苷酶、β-半乳糖苷渗透酶、β-半乳糖苷转酰酶的结构基因以 lacZ、lacY、lacA 的顺序分别排列在质粒上，上游有操纵序列 lacO，更前面有启动子 lacP，这就是乳糖操纵子的结构模式，乳糖操纵子是原核生物基因表达调控的主要方式（图 3-9）。

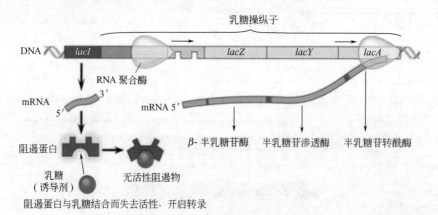

图 3-9　乳糖操纵子结构及调控方式

lacI 编码阻遏蛋白，其作用是控制 lacZ、lacY、lacA 结构基因的转录，对环境作出反应。阻遏蛋白 I 的活性状态决定了此启动子是否打开，在缺乏诱导物（乳糖或结构类似物）

时，阻遏蛋白Ⅰ结合在操纵基因上。当诱导物存在时，阻遏蛋白Ⅰ与之结合，变为失活状态，离开操纵基因，启动子开始转录，$lacZ$、$lacY$、$lacA$ 结构基因表达。$lacZ$ 编码催化乳糖分解所必需的 β-半乳糖苷酶，$lacY$ 编码的是半乳糖苷渗透酶，负责将底物转运到细胞中。但操纵子在非诱导状态时，基因尚未表达，也就不存在透性酶。那么诱导物开始怎样进入细胞呢？其实在细胞中透过酶等总是以最低量存在的，足以供给底物开始进入之需。操纵子有一个本底水平的表达，即使没有诱导物的存在，它也保持此表达水平（诱导水平的 0.1%），而有的诱导物是通过其他的吸收系统进入细胞的。

2. 乳糖操纵子及构建表达载体策略

P_{lac} 表达系统是以大肠杆菌乳糖操纵子调控机制为基础设计和构建的表达系统。构建载体时，将 P_{lac} 连同紧靠其下游编码 β-半乳糖苷酶的 $lacZ'$ 基因一起构建在载体上，$lacZ'$ 基因中设立多克隆位点供目的基因插入。该类载体在有 X-gal 显色剂及 IPTG（乳糖的类似物）的诱导下，呈蓝色菌落；插入目的基因破坏了 $lacZ'$ 基因的结构，可使重组克隆表现为无色菌落，这一特点有利于重组子的筛选。目的基因的插入没有破坏 $lacZ'$ 基因与启动子的匹配关系，目的基因通常能在这种载体中得以稳定表达，但目的基因必须与 $lacZ'$ 基因的翻译阅读框一致，才能表出正确的蛋白质产物，P_{lac} 启动子载体大都不编码阻遏蛋白，需选用含可编码阻遏蛋白的 F′ 因子细菌作为宿主菌。

二、常用大肠杆菌表达载体

通过化学合成、PCR 法或 cDNA 法获得的目的基因必须与表达载体连接，然后导入合适的宿主细胞中进行表达，获得目的产物。进行基因表达研究，必须综合考虑目的基因的表达产量、表达产物的稳定性、产物的生物活性和表达产物的分离纯化等因素，建立最佳的基因表达体系。大肠杆菌表达载体都是质粒，是在克隆载体基本骨架（复制起点和抗性基因）的基础上增加了表达元件（如启动子、核糖体结合位点、终止子等）构成的，各种表达载体的差异在于表达元件的不同。

1. 大肠杆菌表达载体具备的条件

① 能够独立复制，载体自身是一个复制子，具有复制起点。根据复制特点，质粒分为严谨型和松弛型两类，前者在宿主细胞中拷贝数少（1～3 个），后者为 10～15 个及以上。目前实验室里广泛使用的表达质粒在每个大肠杆菌细胞中可达数百甚至上千个拷贝。

② 具有强启动子，能够被大肠杆菌的 RNA 聚合酶所识别。转录是由 RNA 聚合酶正确识别 DNA 模板链上的启动子并启动 RNA 转录的过程。当转录启动以后，RNA 聚合酶对启动子下游要转录的序列是无法识别的，也就是说无法识别要转录的序列是启动子在天然状态下引导的基因，还是人为插入的基因。这就为利用强启动子来表达目的基因提供了可能。原核生物表达系统中使用最广泛的可调控的强启动子有三类，即 lac 启动子（乳糖启动子）、trp 启动子（色氨酸启动子）和它们的杂合启动子 tac 或 trc，T7 噬菌体启动子和 λ 噬菌体的 pL（左向）启动子。

③ 具有强终止子。终止子是给予 RNA 聚合酶转录终止信号的 DNA 序列。转录启动之后的转录过程并不是永无止境的，当遇到茎环结构或 ρ 因子介导的终止信号时转录便会终止。为了提高转录效率，一般在目的基因下游装载一个转录终止子。

④ 核糖体结合位点。转录出来的 mRNA 可在宿主细胞的翻译机器作用下翻译出目的蛋

白。细胞中的核糖体必须在 mRNA 上找到有效的核糖体结合位点（ribosomal binding site, RBS）及 Shine-Dalgarno 序列（SD 序列），从而启动临近其下游的翻译起始密码子的蛋白质翻译。核糖体结合位点可由目的基因自己带入，也可利用载体上预先装载的 RBS 位点。如果是后者，要求目的基因装载到载体以后，ATG 与 RBS 位点之间的距离符合翻译起始的要求，一般间隔 3～11bp。

⑤ 具有灵活的多克隆位点（MCS）和易被识别的筛选标记。在启动子序列后有一段含有多个单一核酸限制性内切酶酶切位点的序列，允许外源基因插入，并且有便于工程菌筛选的标记（如氨苄青霉素抗性基因）。

2. 常用大肠杆菌表达载体类型——按启动子区分

① T7 噬菌体启动子表达载体　pET 系列载体是利用 T7 噬菌体启动子表达载体的典型代表，表达能力强，可控性好，只受 T7 噬菌体 RNA 聚合酶识别，不受大肠杆菌 RNA 聚合酶识别，可通过 IPTG 诱导表达。当外源基因插入到酶切位点后，就能在特定的宿主细胞中诱导表达。pET 载体有一系列不同的形式［如 pET5a（＋）、pET16b、pET-28a（＋）、pET-23a（＋）、pETfasG 等］（图 3-10），也有一系列不同的宿主菌，实际工作中可参考生物公司的相关产品信息合理选用。

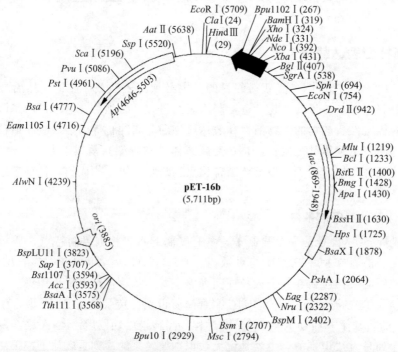

图 3-10　pET-16b 质粒图谱及克隆/表达序列

② 大肠杆菌固有启动子表达载体　尽管 pET 系列表达载体已趋于完善并得到广泛使用，但其仍存在对宿主的限制较严格、化学诱导剂使用成本高等问题。近年来构建出的利用大肠杆菌固有基因启动子的 pHsh 热激表达载体与 pCold 冷休克表达载体，不再依赖于外来基因启动子来控制基因的表达，很好地避免了载体本底表达对细胞生长的影响；同时，这类载体不再依赖于化学诱导剂的诱导且其启动子均来自大肠杆菌使得大部分大肠杆菌均可作为宿主，逐渐得到了较为广泛的使用。

a. pHsh 热激表达载体　pHsh 热激表达载体是在以 σ^{32} 所专门识别 $E.coli$ 热休克蛋白基因的启动子的保守序列设计而成的热激启动子（Hsh promoter）基础上，构建的含有热激启动子、不依赖于 ρ 因子的 GAAA 终止子、SD 序列、多克隆位点、来源于 pUC19 的高拷贝 ColE1 复制子、氨苄青霉素抗性基因的载体（图 3-11）。

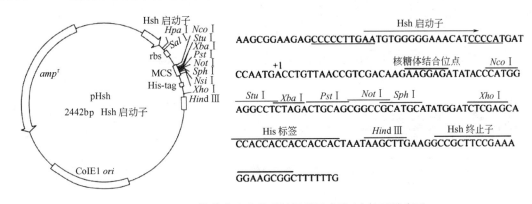

图 3-11　pHsh 热激表达载体质粒图谱及克隆/表达区域序列

pHsh 热激表达载体是基于大肠杆菌细胞内由持家基因 Sigma 因子 σ^{32} 所调控的热休克蛋白的表达这一生理现象设计的表达载体。在大肠杆菌细胞中，热休克蛋白的启动子（热激启动子）由 σ^{32} 和 $E.coli$ RNA 聚合酶全酶来识别和启动。当带有热激启动子的 pHsh 重组载体的大肠杆菌细胞在 30℃ 培养时，细胞内只有很少量的 σ^{32} 分子，此时 pHsh 上的热激启动子只有极低的转录活性，在它控制下的目的基因也只有极少量的表达。当重组细胞受到热激，温度快速上升到 42℃ 以后，细胞内的 σ^{32} 分子的数量急剧增加，此时热激启动子的活性被完全激发，其控制下的目的基因得到大量表达。带有 pHsh 质粒的重组细胞经热激诱导后，σ^{32} 能持续高水平而大量转录目的基因，使外源基因在 pHsh 载体中高效表达。

b. pCold 冷休克表达载体　pCold 冷休克表达载体是利用冷休克基因 $cspA$ 启动子设计的高效率表达蛋白质的表达载体，有一系列不同的形式（pColdⅠ～Ⅳ），可根据使用目的来选择不同的载体。如 pColdⅣ（图 3-12），是在载体的基本结构上加入了大肠杆菌冷休克基因 $cspA$ 启动子序列和 5′非编码区，并在 $cspA$ 启动子的下游插入了乳糖操纵子，严格控制外源基因表达。在启动子下游还有 5′非翻译区（5′UTR）、翻译增强元件（TEE）、His 标签序列、Xa 因子切割位点和多克隆位点。pCold 冷休克表达载体系列调控目的基因表达的方式较简单，即采用低温诱导的方法，低温下表达外源蛋白，减弱了大肠杆菌自身基因表达的干扰，同时增加了目的蛋白的可溶性，尤其适用于高效表达一些热敏感蛋白。

3. 常用大肠杆菌表达载体类型——按标签蛋白区分

表达融合蛋白的表达载体当基因表达以后，需有效地分离纯化表达产物。通过以融合蛋白的形式表达，并利用载体编码的蛋白质或多肽（标签蛋白或多肽，Tag）的特殊性质可实

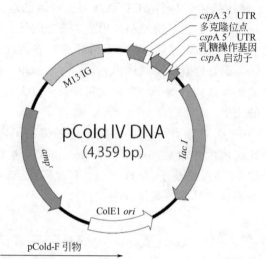

pCold-F 引物

5′AAAATCTGTAAAGCACGCCATATCGCCGAAAGGCACACTTAATTATTAAGAGGTAATAC
                                                          SD

Nde I	Sac I	Kpn I	Xho I	BamH I	EcoR I	Hind Ⅲ	Sal I	Pst I	Xba I

CATATG GAGCTC GGTACC CTCGAG GGATCC GÁATTC AAGCTT GTCGAC CTGCAG TCTAGA TAGGTAATCTCTGCT
His Met Glu Leu Gly Thr Leu Glu Gly Ser Glu Phe Lys Leu Val Asp Leu Gln Ser Arg End

pCold-R 引物

TAAAAGCACAGAATCTAAGATCCCTGCCATTTGGCGGGGATTTTTTTATTTGTTTTCAGGAAATAAATAATCGAT 3′
                        终止子

图 3-12   pCold Ⅳ 质粒图谱及克隆/表达区域序列

现对目的蛋白分离纯化。常用的标签蛋白或多肽有谷胱甘肽转移酶（GST）、六聚组氨酸肽（polyHis-6）、蛋白质 A（protein A）和纤维素结合位点（CBD）等。

① GST 标签表达载体   pGEX 系列载体为典型的 GST 表达载体，在启动子 *tac* 和多克隆位点之间加入两个与分离纯化有关的编码序列（图 3-13），即谷胱甘肽转移酶（GST）基因和凝血蛋白酶（Thrombin）切割位点的编码序列。当外源基因插入到多克隆位点后，可表达出由三部分序列组成的融合蛋白。GST 是来源于血吸虫的小分子酶（26kDa），在大肠杆菌中易表达，在融合蛋白状态下保持酶学活性，对谷胱甘肽有很强的结合能力。将谷胱甘肽固定在琼脂糖树脂上形成亲和色谱柱，当表达融合蛋白的全细胞提取物通过色谱柱时，利用谷胱甘肽与谷胱甘肽巯基转移酶之间酶和底物的特异性作用力，使得带 GST 标签的融合蛋白能够与凝胶上的手臂谷胱甘肽结合，从而将带标签的蛋白与其他蛋白分离开来。然后再用含游离的还原型谷胱甘肽的缓冲液洗脱，可将融合蛋白释放出来。融合蛋白纯化出来后用凝血蛋白酶切割便可得到纯的目的蛋白。

② 组氨酸标签表达载体   pET 系列载体是典型的组氨酸标签表达载体，如 pET-16b（图 3-10），在启动子下游含有编码 6 个组氨酸标签和 Xa 因子酶切位点的序列。当外源基因插入到多克隆位点后，在 BL21（DE3）菌株中表达出带多聚组氨酸标签的融合蛋白。多聚组氨酸能与镍等二价金属离子结合，故可采用固定化金属离子亲和色谱纯化组氨酸标签融合蛋白。纯化的融合蛋白再用 Xa 因子处理可去除标签多肽，从而获得纯化的目的蛋白。

③ 分泌表达载体   除了在细胞内表达外，还可以将外源基因接在信号肽之后，经在细胞质中高效转录和翻译后，表达的蛋白质进入细胞内膜与细胞外膜的周质后，被信号肽酶识

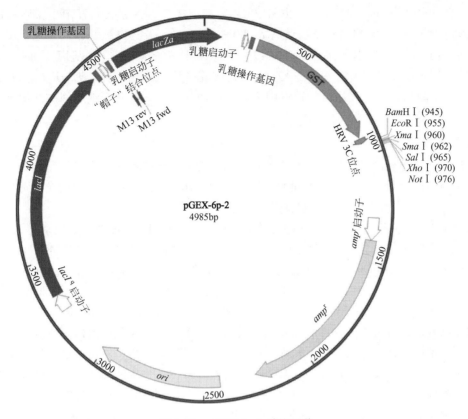

图 3-13　pGEX-6p-2 质粒图谱

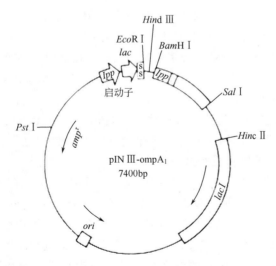

图 3-14　pINⅢ-ompA₁ 质粒图谱

别而切割掉信号肽，从而释放出具有生物活性的外源基因表达产物。这种表达方式可避免细胞内蛋白酶的降解，或使表达的蛋白质正确折叠，或去除 N 端的甲硫氨酸，从而达到维护目的蛋白活性的目的。可利用的信号肽有碱性磷酸酶的信号肽（phoA）、膜外周质蛋白的信号肽（ompA）、蛋白质 A（protein A）的信号肽等。常用的分泌型表达载体有 pTA1529、pINⅢ-ompA₁ 和 pEZZ18。

pINⅢ-ompA₁ 载体（图 3-14）以 pBR322 为基础构建，带有大肠杆菌中很强的脂蛋白基因启动子（IPP）。在启动子下游装有 lacUV-5 的启动子及其操纵基因，还包含用于调节目的基因表达的 lac 阻遏子的基因（lacI）和大肠杆菌的分泌蛋白基因-外膜蛋白基因（ompA）。信号肽编码顺序的下游是人工合成的多克隆位点片段，包含 EcoRⅠ、HindⅢ 和 BamHⅠ 3 个酶切位点。表达产物通过细菌膜被准确加工后，分泌到细胞间隙或细胞培养液中，有利于形成蛋白质的正确结构。

4. 表达控制

不论使用哪种启动子类型，这些表达载体对外源基因的表达都是在可控制的条件下进行的，通过物理或化学方式诱导，不同的启动子使用的诱导方式不同。通过诱导，可防止基础表达（渗漏表达），特别可防止某些有毒产物对细胞的毒害。

启动子 lac 及其衍生启动子 tac 都是诱导型启动子，在 IPTG 的诱导下启动转录。lac 启动子来源于大肠杆菌的乳糖操纵子，是 DNA 分子上一段有方向的核苷酸序列，由阻遏蛋白基因（lacI）、启动基因（P）、操纵基因（O）和编码 3 个与乳糖利用有关的酶的结构基因所组成。lac 启动子受分解代谢系统的正调控和阻遏物的负调控（图 3-9）。正调控通过 CAP 因子和 cAMP 来激活启动子促使转录进行。负调控由调节基因产生 LacI 阻遏蛋白，该蛋白可以和操纵基因结合阻止转录。乳糖及某些类似物如 IPTG 可与阻遏蛋白形成复合物，使其构型改变，不能与操纵基因结合，从而解除抑制，诱导转录发生。在常规的大肠杆菌中，阻遏蛋白表达量不高，仅能满足细胞自身 lac 操纵子，无法应对高拷贝的表达载体的需求，导致非诱导条件下较高的表达，为了解决这个问题，往往选择 lacI^q 突变菌株或在载体上装载一个阻抑物编码基因 lacI^q，以表达更多的阻遏蛋白从而实现严谨的诱导调控。

T7 噬菌体启动子只能由 T7 噬菌体的 RNA 聚合酶识别并启动转录，而大肠杆菌的 RNA 聚合酶不能作用于 T7 噬菌体启动子。因此要求用于表达的宿主细胞必须能表达 T7 噬菌体的 RNA 聚合酶。大肠杆菌 BL21（DE3）是常用的 pET 表达载体的宿主菌，该菌可对 T7 RNA 聚合酶和目的基因的转录实行多层次的调控。在该菌株染色体的 BL21 区整合有一个 λ 噬菌体 DNA，在 λ 噬菌体的 DE3 区有一个 T7 RNA 聚合酶基因，该基因受 lacUV-5 启动子控制。当 pET 载体进入 BL21（DE3）细胞后，宿主细胞表达的 lacI 基因表达阻抑物，抑制了 T7 RNA 聚合酶基因的表达，在载体上的目标基因也无法启动表达。当存在 IPTG 诱导物时，阻抑物失去阻抑作用，T7 RNA 聚合酶基因得以表达，产生 T7 RNA 聚合酶，从而启动 T7 噬菌体启动子控制的外源基因的表达。

在没有诱导物存在的情况下，lac 启动子控制的外源基因仍会有渗漏表达。如果外源基因对宿主细胞有毒害作用，可能导致表达系统崩溃。现有两种措施调控外源基因的严谨表达。措施一是通过宿主控制 T7 RNA 聚合酶的量，即在宿主细胞中引入一个带有 T7 噬菌体的溶菌酶编码基因的质粒。如 pLysS 或 pLysE，它们分别低量和高量表达 T7 噬菌体的溶菌酶，该溶菌酶可抑制 T7 RNA 聚合酶的活性，从而减少在未诱导情况下外源基因的表达。措施二是在 pET 载体上装载 lacI 基因，提高阻抑物的浓度，使启动子的控制效应更严谨。同时也可利用 T7-lac 启动子（在 T7 噬菌体启动子序列下游装入一个由 25bp 组成的 lacO 操纵子序列），当阻抑物结合在 lacO 位点时，即使存在 T7 RNA 聚合酶，外源基因也无法表达。只有当诱导物存在时，才能解开 T7 RNA 聚合酶基因和外源基因表达的双重阻遏。T7 噬菌体启动子在大肠杆菌中的表达调控模式示意图详见图 3-15。

λ 噬菌体的 pL 启动子受 cI 基因产物的调节，cI 阻抑物抑制转录的启动。利用 pL 启动

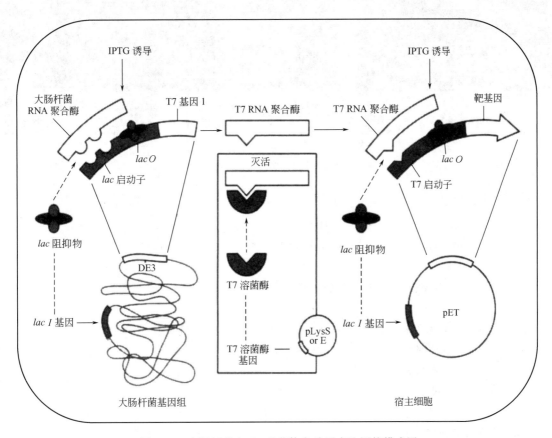

图 3-15　大肠杆菌中 T7 噬菌体启动子表达调控模式图

子的载体一般在λ噬菌体溶原的大肠杆菌中表达。为了达到控制表达的目的，溶原性λ噬菌体上的 cI 基因是温度敏感的，如 M5219 菌株，含有 cIts857 突变。在低温（30℃）下，该突变的 cI 阻抑物能抑制 pL 启动子的转录，而在高温下（40～45℃）失去活性，pL 启动子的表达不受抑制。

项目四

mRNA 提取和 cDNA 制备

学习目标

1. 知识目标

（1）了解 mRNA 分子，mRNA 的基本特征。

（2）了解 cDNA 的基本概念。

（3）掌握 mRNA 提取和 cDNA 制备的原理。

2. 技能目标

（1）能根据客户要求，选择合适的方法提取 mRNA，利用反转录原理制备 cDNA。

（2）能独立设计提取方案并实施。

（3）能独立测定吸光度并计算其浓度。

（4）能分析 RNA 琼脂糖凝胶结果。

（5）能区分实训中产生的"三废"，并进行正确处理。

3. 思政与职业素养目标

（1）通过 mRNA 提取中防止污染、防止降解的学习与实践，培养规范、守则、严谨的工作习惯，树立工匠意识和工匠精神。

（2）通过正确处理实训中产生的"三废"，培养环保意识，树立绿色发展理念。

项目简介

细胞内总 RNA 提取方法很多，如 Trizol 法、硅胶膜纯化法等。其中，Trizol 法适用于人类、动物、植物、微生物的组织或培养的细菌，样品量从几十毫克至几克。用 Trizol 法提取的总 RNA 一般很少有蛋白质和 DNA 污染，可直接用于 Northern 斑点分析、斑点杂交、多聚（A）[poly（A）] 分离、体外翻译、RNase 封阻分析和分子克隆。

mRNA 的纯化主要是针对真核生物而言。由于真核生物 mRNA 的 3′端有一个 poly（A）尾，可用寡聚（dT）[oligo（dT）]-纤维素柱亲和色谱的方法纯化，对于原核生物，其 mRNA 与其他 RNA 没有明显的结构差异，难以从总 RNA 中纯化出来。有许多类型的商业化色谱柱可用于 mRNA 的纯化，在构建 cDNA 文库时必须得到纯化的 mRNA，而对于 Northern 杂交和 S1 核酸酶作图可使用总 RNA，利用纯化的 mRNA 可得到更为满意的结果。

cDNA（互补 DNA，complementary DNA）指在体外经过逆转录后与 RNA 互补的 DNA 链。与基因组 DNA 不同，cDNA 没有内含子而只有外显子的序列。以 mRNA 为模板，通过逆转录酶反转录合成 cDNA，可用于真核生物基因的结构、表达和调控的分析。

项目引导

一、RNA 概述

RNA 是一类核酸物质，是由核糖核苷酸通过 $3'$、$5'$ 端的磷酸二酯键经一系列的缩合作用而形成的长链分子。在某些 RNA 病毒中，RNA 就是它的遗传物质；在细胞中，RNA 是合成蛋白质不可或缺的物质。

单个的核糖核苷酸分子是由一分子的磷酸、一分子核糖和一个碱基所构成的，其中碱基主要有四种，分别是腺嘌呤(A)、鸟嘌呤(G)、胞嘧啶(C)和尿嘧啶(U)，由它们组成的核苷酸分别称为，腺嘌呤核糖核苷酸、鸟嘌呤核糖核苷酸、胞嘧啶核糖核苷酸和尿嘧啶核糖核苷酸。尿嘧啶是 RNA 区别于 DNA 的一个特征性碱基（图 4-1）。

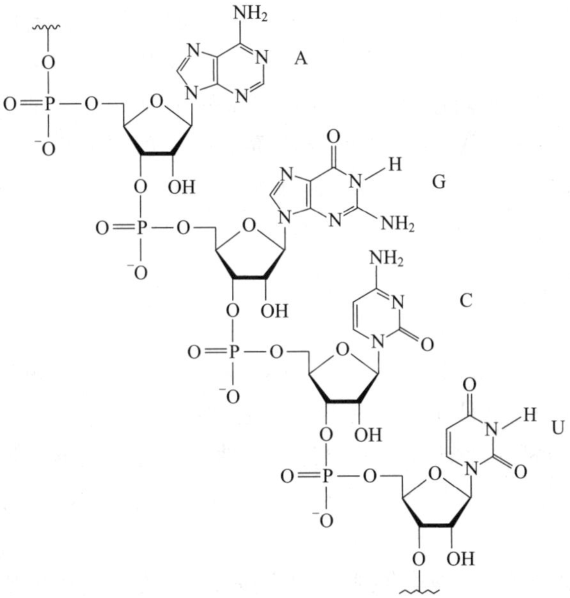

图 4-1　RNA 一级结构示意图

二、RNA 的种类和功能

RNA 大多位于细胞质中，但各个部位细胞中所含的 RNA 数目却是不同的。在等量组织试样中，RNA 含量最多的是肝脏、脾脏和心脏三个部位；RNA 含量较低的部位则是膀胱、骨和脂肪；大脑、胚胎、肾脏和肺部的细胞所含的 RNA 的数量位于前两者之间。RNA 既可以作为信息分子又能作为功能分子发挥作用。作为信息分子，RNA 担负着贮藏及转移遗传信息的功能，起着遗传信息由 DNA 到蛋白质的中间传递体的核心作用。作为功能分子，它可以在以下几个方面发挥作用：①作为细胞内蛋白质生物合成的主要参与者；②部分 RNA 可以作为核酶在细胞中催化一些重要的反应，主要作用于初始转录产物的拼接加工；③参与基因表达的调控，与生物的生长发育密切相关；④在某些病毒中，RNA 是遗传物质。

在大多数的生物体内主要有三种 RNA 分子，即编码特定蛋白质序列的信使 RNA

（messager RNA，mRNA），能特异性解读 mRNA 中的遗传信息，将其转化成相应氨基酸后加入多肽链中的转运 RNA（transfer RNA，tRNA）和直接参与核糖体中蛋白质合成的核糖体 RNA（ribosomal RNA，rRNA）。

1. 信使 RNA

蕴藏在 DNA 双链中的遗传信息，通过转录，传递给 mRNA 分子。mRNA 分子中 3 个相邻的核苷酸碱基组成一个三联体，特定的 3 个碱基顺序构成一个密码子，每个密码子决定对应的氨基酸，如 AAA 决定赖氨酸、GCU 决定丙氨酸。此外，还有一些密码子是起始密码子（AUG）和终止密码子（UAA、UAG、UGA），与翻译过程（以 mRNA 为模板，合成蛋白质）的启动和终止有关。mRNA 分子中的所有密码子统称为遗传密码。生物体内的 20 种氨基酸均有对应的遗传密码，因此 mRNA 分子中核苷酸的排列顺序决定了多肽链中氨基酸的排列顺序，进而决定了蛋白质的种类。

2. 核糖体 RNA

负责蛋白质合成的细胞器核糖体的主要组成成分是 rRNA 和蛋白质，其中 rRNA 约占 2/3，蛋白质占 1/3。rRNA 分子位于核糖体内部，以非共价键与蛋白质结合。原核生物和真核生物细胞中所含的核糖体有很大的不同。原核细胞 70S 核糖体由 3 种 rRNA（16S rRNA、23S rRNA 和 5S rRNA）和 52 种蛋白质组成；真核细胞 80S 核糖体由 4 种 rRNA（18S rRNA、28S rRNA、5.8S rRNA 和 5S rRNA）和 82 种蛋白质组成。这里的 S 是沉降系数单位，与粒子大小和形状有关。rRNA 对控制翻译的精确性、tRNA 分子的选择、蛋白质因子的结合、肽键的形成等发挥主要作用。

3. 转运 RNA

mRNA 的密码子不能直接识别氨基酸，所以氨基酸必须先与相应的 tRNA 结合，形成氨基酰-tRNA，才能运到核糖体上。一种氨基酸通常可以与多种 tRNA 特异性结合（与密码子的简并性相适应），但是一种 tRNA 只能转运一种特定的氨基酸。通常在 tRNA 的右上角标注氨基酸的三字母符号，以代表其特异转运的氨基酸，如 tRNA^{Tyr} 表示这是一个特异性转运酪氨酸的 tRNA。

除了以上三种主要的 RNA 外，近些年来还发现了其他类型的 RNA，例如：微 RNA（microRNA），小 RNA（small RNA）等。

三、RNA 的结构与功能

1. mRNA 的空间结构

真核生物的转录过程发生在细胞核，翻译过程发生在细胞质中，这意味着转录和翻译不可能像在细菌里那样同时发生。转录完成后，转录物需从细胞核转运到细胞质，翻译才能进行。大多数真核生物基因的编码区被一些被称为内含子的不相干序列所隔断。内含子两侧的序列为外显子，会出现在成熟的 RNA 产物中。编码 mRNA 的基因中含有数目不等的内含子。生物中 mRNA 的合成是分阶段完成的，第一阶段，合成初级转录产物，含有基因内含子的拷贝序列；第二阶段，切除内含子，拼接外显子，完成剪接。除了剪接外，真核生物的 mRNA 还要经历加帽和多腺苷酸化两个加工过程（图 4-2）。

① 帽子结构　不同真核生物及病毒体内，mRNA 分子的 5′端有大量的甲基化位点，在

图 4-2　真核生物 mRNA 的结构

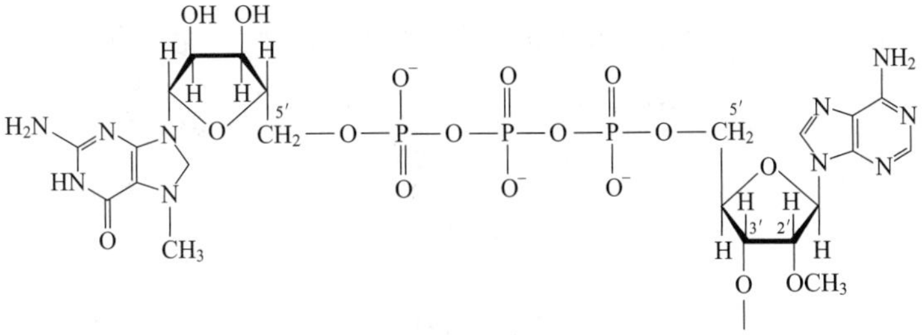

图 4-3　mRNA 的帽子结构

结构上被称为"帽子"。经过分析，这个帽子是 7-甲基化三磷酸鸟苷（7-methylguanosine，m⁷G）与排列在第二位的核苷酸通过 5′-5′方式连接，第二个核苷酸 2′上也发生甲基化（m7GpppNm）（图 4-3）。这个帽子结构至少有 4 种功能：保护 mRNA 免于降解；加强 mRNA 的翻译效率；增强 mRNA 从细胞核到细胞质的转运；提高 mRNA 的剪接效率。

② 多聚 A 尾结构　绝大多数真核生物的 mRNA 及其前体在 3′端都有一段长约 20～250 的聚腺苷酸。这段 poly(A)是在转录之后被 poly(A)聚合酶加上去的，可以同时加强 mRNA 的稳定性和翻译能力，poly(A)尾对于 mRNA 从细胞核内的合成部位转运到细胞质来说是必需的。

2. tRNA 的结构

tRNA 在蛋白质合成中处于关键地位，被称为第二遗传密码。它不但为将每个三联子密码翻译成氨基酸提供了接合体，还准确无误地为将所需氨基酸运送到核糖体上提供了载体。tRNA 一般由 74～95 个碱基组成，会进行折叠，二级结构呈三叶草形，由氨基酸臂、二氢尿嘧啶环、反密码环、额外环和假尿嘧啶核苷-胸腺嘧啶核糖核苷环（TψC 环）五部分组成。tRNA 三级结构具有类似倒 L-形的三维结构，允许它们与核糖体的 P、A 位点结合。tRNA 的二级结构特点如下（图 4-4）。

① 5′端磷酸。

② 受体臂（accept stem；也被称作氨基酸臂，amino acid stem）是一个 7 个碱基长的臂，其中包含 5′端，与有 3′端羟基（OH）（能结合氨基酸于其上）的 3′端。受体臂有可能含有非 Watson-Crick 所发现的碱基对。

③ CCA 尾（CCA tail）是 tRNA 分子 3′端的 CCA 序列，在翻译时，帮助酶识别 tRNA。

④ D 臂（D arm）是在一个环（D loop）的端部 4 个碱基的臂，通常含有二氢尿嘧啶（dihydrouridine）。

⑤ 反密码子臂（anticodon arm）有 5 个碱基，包括反密码子（anticodon）。每一个 tRNA 包括一个特异的三联反密码子序列，能够与氨基酸的一个或者多个密码子匹配。例如赖氨酸（lysine）的密码子之一是 AAA，相应的 tRNA 的反密码子可能是 UUU（一些反密码子可以与多于一个的密码子匹配被称为"摆动"）。

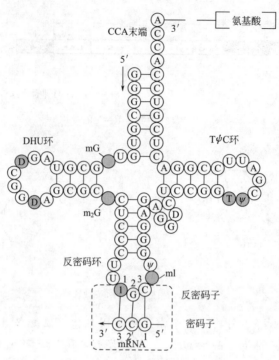

图 4-4　tRNA 的二级结构示意图

⑥ T 臂 （T arm） 是 5 个碱基的茎，包括序列 TψC。

⑦ 修饰碱基（modified bases）是 tRNA 中的一些不常见的碱基，如腺嘌呤、鸟嘌呤、胞嘧啶和尿嘧啶的修饰形式。

3. rRNA 的空间结构

rRNA 是核糖体的一部分，直接参与核糖体中蛋白质的合成。由于其结构种类特别多而且复杂，只列出其中的一个二级结构（图 4-5）。

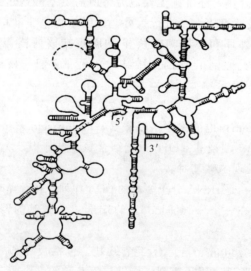

图 4-5　rRNA 的二级结构示意图

四、RNA 的生物合成与加工

转录（transcription）是指以 DNA 为模板，以 ATP、UTP、GTP 和 CTP 为原料，按照碱基互补原则，在 RNA 聚合酶的作用下合成 RNA 的过程，是基因表达的第一步（图 4-6）。原核细胞中只有一种 RNA 聚合酶；而真核细胞中则有 3 种：RNA 聚合酶 I、RNA 聚合酶 II 及 RNA 聚合酶 III。DNA 双链中作为转录模板的单链称为模板链（template strand）或反义链（antisense strand），另一条链则称为编码链（coding strand）或有义链（sense strand）。一个 DNA 分子上有许多基因，并非所有基因的编码区都在同一条单链上，因此模板链或编码链是相对某个基因的转录而言的。

原核细胞的 RNA 聚合酶全酶（$\alpha_2\beta\beta'\sigma$）是由 4 条多肽链组成的核心酶加 σ 亚基（σ 因子）构成。转录过程可划分为开始、延伸和终止三个阶段（图 4-6）。①开始：σ 因子识别 DNA 分子上的启动子并与之结合，将 DNA 双链局部解开，RNA 合成开始，σ 因子与核心酶分离。②延伸：RNA 聚合酶沿模板链向前移动，使 RNA 链不断合成延长。③终止：原核细胞转录终止分为依赖 ρ 因子和不依赖 ρ 因子两类。由于原核细胞没有核膜，且合成的 RNA 几乎不需进行复杂的加工修饰，故原核细胞的转录和翻译两个过程几乎可以同时进行。

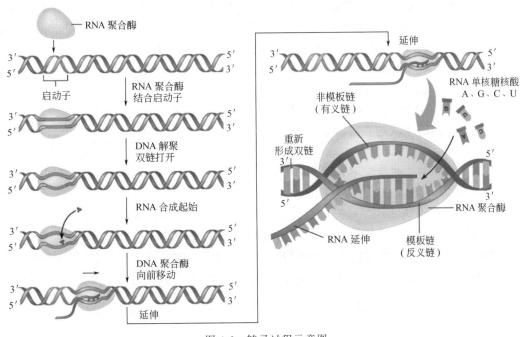

图 4-6　转录过程示意图

五、RNA 提取方法

实验室中常用的 RNA 提取方法有两种，酚-异硫氰酸胍（Trizol）抽提法和硅胶膜纯化法。

1. 酚-异硫氰酸胍（Trizol）抽提法

Trizol 试剂是使用最广泛的抽提总 RNA 的专用试剂，由 Gibco 公司根据酚-异硫氰酸胍抽提法设计，主要由苯酚和异硫氰酸胍组成，适用于绝大多数生物材料。首先研磨组织或细胞，或使之裂解；加入 Trizol 试剂后，可保持 RNA 的完整，同时进一步破碎细胞并溶解细胞成分；加入氯仿抽提，离心，使水相和有机相分离；收集含 RNA 的水相；通过异丙醇沉淀，可获得 RNA 样品。RNA 样品几乎不含蛋白质和 DNA，可直接用于 Northern 杂交、斑点杂交、mRNA 纯化、体外翻译、RNase 保护分析（RNase protection assay）和分子克隆。

2. 硅胶膜纯化法

RNeasy 试剂盒由 Qiagen 公司设计，含有目标核酸的细胞破碎液通过硅胶膜时，核酸被吸附在硅胶膜上，从而与其他细胞成分分开，然后在低盐浓度下核酸可从硅胶膜上洗脱出来。该技术将异硫氰酸胍裂解的严格性和硅胶膜纯化的速度和纯度相结合，简化了总 RNA 的分离程序。相当于将异硫氰酸胍裂解法制备的含 RNA 的水相，再通过硅胶膜来纯化。该试剂盒分离纯化得到的 RNA 纯度高，含有极少量的共纯化 DNA。

上述两种方法提取的 RNA 如果要用于对少量 DNA 也敏感的某些操作，如 PCR 反应，可使用无 RNA 酶的 DNA 酶 I（RNase-Free DNase I）处理，去除痕量的 DNA。如果需要特别纯净的样品，可通过 $CsCl_2$ 密度梯度离心来纯化。由于 RNA 是单链的，在实验操作过程中易降解。因此，对 RNA 的操作要求比 DNA 的更加严格，操作时必须设置专门的处理方法和程序。

① 溶液和用具的去 RNA 酶处理　由于 RNA 酶相对来说非常耐高温，即使高温灭菌也不可完全清除其活性，因此 RNA 酶在各种器物上的残留是不可忽视的。对于耐热的物品，如玻璃制品，通过高温干热灭菌效果最好。对于一次性使用的用品，如微量移液吸头和微量离心管，一般通过湿热灭菌后可以使用，但更保险的操作是用 0.1% 焦碳酸二乙酯（DEPC）处理过的水浸泡后再灭菌，或购买无 RNA 酶污染的用具。对于电泳用具最好使用专用的，不要用于其他分析；在使用之前用洗涤剂洗涮干净，再用 3% H_2O_2 和 0.1% DEPC 处理的水浸泡，清洗干净。对于可能接触 RNA 的溶液，要求用 DEPC 处理的水配制。

② RNA 酶抑制剂的使用　为了进一步防止 RNA 降解，一般在 RNA 样品和 RNA 反应体系中加入 RNA 酶抑制剂。现在应用较多的是蛋白质类抑制剂，如人胎盘 RNase 抑制剂。除此之外，还有氧铜核糖核苷复合物（完全抑制剂，且抑制体外翻译）和硅藻土（RNase 吸附剂）。实验用具和溶液虽然能采取一定的抗 RNA 酶处理，但更重要的是细致和谨慎的操作。虽然可以用 RNA 酶抑制剂，但其作用不是绝对的。同时，在实验中任何其他间接用具无时无刻不会影响到实验的成败，因此个人工作习惯和实验环境也有重要影响。

项目实施

【拟定计划】

① 根据参考方法或客户需求填写作业流程单（详见《项目学习工作手册》），列出操作要求。

② 按照实训中心给定的条件，合理划分工作阶段、小组工作任务和个人工作任务，填写工作计划及任务分工表（详见《项目学习工作手册》），报给主管（或教师）备案。

【材料准备】

全班讨论各个小组的方案，深入理解原理，按照选择的方案的需要，选择最佳方案，修订作业程序，填写材料申领单（详见《项目学习工作手册》）。

【任务实施】

任务一　Trizol法提取动植物总RNA

① 组织取样后投入液氮速冻后，可保存于-80℃。在液氮中将组织研磨成粉，在预冷1.5mL离心管中加入样品0.1g，并加入1mL Trizol（Invitrogen公司），迅速混匀。注：Trizol中的样品可保存于-80℃冰箱中。

② 室温下静置5～10min。每管加入200μL苯酚：三氯甲烷：异戊醇（体积比25：24：1）或三氯甲烷，剧烈振荡30s，室温（25℃）静置5min。

③ 4℃，12000r/min离心10min，样品分相为三层，其中上层水相为RNA（约为Trizol的60%）。小心吸取上清600μL转移至新离心管中。有机相和中间层含有DNA和蛋白质，请勿吸取。注：此处可重复②和③以得到更纯的RNA。

④ 加入500μL异丙醇，轻柔颠倒混匀，室温（25℃）静置5～10min。

⑤ 4℃ 12000r/min离心10min，白色RNA沉淀于离心管底部，弃上清。

⑥ 每管加入1mL 75%乙醇，涡旋振荡。

⑦ 4℃ 12000r/min离心5min，弃上清。若将RNA保存于乙醇中，此时可重新加入1mL预冷的75%乙醇。在75%乙醇中，RNA在4℃至少可保存1周，-20℃至少可保存1年。

⑧ 短暂离心后用20μL移液器小心吸弃残余75%乙醇。

⑨ 超净台上将RNA沉淀吹至半透明胶状，不能完全干燥（5～10min），根据沉淀多少加30～40μL经灭菌0.1‰ DEPC处理的双蒸水或TE缓冲液溶解RNA沉淀。

⑩ 55～60℃孵育10min。小心混匀样品，并短暂离心。RNA样品经紫外分光光度计测定浓度后保存于-80℃冰箱备用。

⑪ 紫外分光光度计测定OD_{260}及OD_{280}来定量分析RNA的纯度和浓度。用溶解RNA的溶剂设置空白对照。RNA浓度$(ng/\mu L) = OD_{260} \times 40 \times$稀释倍数；当$OD_{260}/OD_{280} \leqslant 1.8$，表示蛋白质含量较高；当$OD_{260}/OD_{280} \geqslant 2.2$，表示盐分超标或者RNA降解；当$OD_{260}/OD_{280} = 1.8 \sim 2.0$，表示RNA较纯。

注意事项：

①试剂配制，器皿处理和操作，严格遵循无RNase原则。②Trizol、苯酚、氯仿等有机试剂易燃、易爆且对皮肤和黏膜有刺激性，需在通风橱内进行操作，避免接触皮肤，避免火源。DEPC对眼睛和呼吸道黏膜有刺激，是一种潜在致癌物，操作时应在通风橱内进行。③RNA沉淀完全干燥，会极大地降低可溶性，部分溶解的RNA其$OD_{260}/CD_{280} < 1.6$。

任务二　变性琼脂糖凝胶检测总RNA

RNA电泳可以在变性及非变性两种条件下进行。非变性电泳使用1.0%～1.4%的凝胶，不同的RNA条带也能分开，但无法判断其分子量。只有在完全变性的条件下，RNA的泳动率才与分子量的对数呈线性关系。因此要测定RNA分子量时，一定要用变性凝胶。如需快速检测提取总RNA的质量，可用普通的1%琼脂糖凝胶。

判断RNA提取物的完整性是进行电泳的主要目的之一。完整的未降解的RNA制品的电泳图谱应可清晰看到28s rRNA、18s rRNA和5s rRNA的三条带，且28s rRNA的亮度应为18s rRNA的两倍。若28s rRNA和18s rRNA条带的亮度相当，对大部分实验也是可以接受的。

① 电泳槽，制胶用具的清洗：去污剂洗干净（一般浸泡过夜），水冲洗后用 3% H_2O_2 灌满电泳槽，室温放置 10min，用体积分数为 0.01 的 DEPC 水冲洗，晾干备用。

② 制胶：称取 0.5g 琼脂糖粉末，加入放有 36.5mL 的 DEPC 水的锥形瓶中，加热使琼脂糖完全溶解。稍冷却后加入 5mL 的 10× 电泳缓冲液、8.5mL 的甲醛。然后在胶槽中灌制凝胶，插好梳子，水平放置待凝固后使用。

③ 加样：在一个洁净的小离心管中混合以下试剂：2μL 10× 电泳缓冲液、3.5mL 甲醛、10mL 甲酰胺、3.5μL RNA 样品。混匀，置 60℃ 保温 10min，冰上速冷。加入 3μL 的上样缓冲液混匀，取适量加样于凝胶点样孔内。同时在点样孔内加入 RNA 标准样品。

④ 电泳：打开电泳仪，稳压（7.5V/cm）电泳。

⑤ 电泳结束后通过紫外透视仪观察。

注意事项：本实验中必须防止 RNase 污染，以免 RNA 降解。所有试剂需用 DEPC 水配制，用具也用 DEPC 水冲洗，并灭菌。RNA 的非变性琼脂糖凝胶电泳与 DNA 的操作相同。

任务三　mRNA 提取

由于 mRNA 末端含有多 poly(A)＋，当总 RNA 流经 oligo(dT) 纤维素时，在高盐缓冲液作用下，mRNA 被特异性的吸附在 oligo(dT) 纤维素柱上，在低盐浓度或蒸馏水中，mRNA 可被洗下，经过两次 oligo(dT) 纤维素柱，可得到较纯的 mRNA。

① 用 0.1mol/L NaOH 悬浮 0.5～1.0g oligo(dT) 纤维素。

② 将悬浮液装入灭菌的一次性色谱柱中或装入填有经 DEPC 处理并经高压灭菌的玻璃棉的巴斯德吸管中，柱床体积为 0.5～1.0mL，用 3 倍柱床体积的灭菌水冲洗柱床。

③ 用 1× 柱色谱加样缓冲液冲洗柱床，直到流出液的 pH 小于 8.0。

④ 将真核生物的总 RNA 于 65℃ 温育 10min 后迅速冷却至室温，加入等体积 1× 上样缓冲液，混匀后上样，立即用灭菌试管收集洗出液。当所有 RNA 溶液进入柱床后，加入 1 倍柱床体积的 1× 上样缓冲液洗柱，继续收集流出液。

⑤ 用 5～10 倍柱床体积的 1× 上样缓冲液洗柱，按每个试管 1mL 来进行收集洗脱液，通过 OD_{260} 测定 RNA 含量。前部分收集管中流出液的 OD_{260} 很高，其内含物为无 poly(A) 尾的 RNA；后部分收集管中流出液的 OD_{260} 很低或无吸收。

⑥ 用 2～3 倍柱床体积的灭菌洗脱缓冲液洗脱 poly(A)＋RNA，分部收集，每部分为 1/3 至 1/2 柱床体积。

⑦ 通过 OD_{260} 测定 poly(A)＋RNA 分布，合并含有 poly(A)＋RNA 收集管中的洗脱组分。

⑧ 加入 1/10 体积的 3mol/L NaAc(pH 5.2)、2 倍体积的预冷无水乙醇，混匀，－20℃ 放置 30min。

⑨ 4℃ 下 12000r/min 离心 15min，小心弃去上清液，用 70% 乙醇洗涤沉淀，4℃ 下 12000r/min 离心 5min。

⑩ 小心弃去上清液，室温干燥 10min，或真空干燥 10min。

⑪ 用少量无 RNA 酶灭菌水溶解沉淀，即得到 mRNA 溶液，可用于 cDNA 合成（或保存在 70% 乙醇中并贮存于－70℃，可保存一年以上）。

注意事项：整个实验过程中必须防止 RNase 的污染。色谱结束后，oligo(dT) 纤维素柱可用 0.3mol/l NaOH 洗净，然后用色谱柱加样缓冲液平衡，并加入 0.02％叠氮钠（NaN_3）放入冰箱保存，可重复使用。每次用前需用 NaOH-水色谱柱加样缓冲液依次淋洗柱床。

任务四　cDNA 合成技术

cDNA 合成涉及第一链的合成和第二链的合成。合成的 cDNA 第一链可广泛应用于 cDNA 第二链的合成、杂交、PCR 扩增等。目前试剂公司有多种 cDNA 第一链合成试剂盒销售，其原理基本相同，但操作步骤不一。现以 TaKaRa 公司的 PrimeScript™ Ⅱ cDNA 第一链合成试剂盒（1st Strand cDNA Synthesis Kit，Code No.6210A）为例介绍 cDNA 第一链合成的具体步骤。

① 在 0.2mL 的无 RNase 的微量离心管中，加入如下成分并混匀。

试剂	使用量
寡聚 dT 引物（50μmol/L） 或随机引物（50μmol/L）	1μL 1μL（0.4～2μL）
dNTP（10mmol/L/管）	1μL
模板 RNA	总 RNA：5μg 以下 poly(A)$^+$ RNA：1μg 以下
无 RNA 酶灭菌水	总体积到 10μL

② 65℃保温 5min 后，冰上迅速冷却。

（注：上述处理可使模板 RNA 变性，提高反转录效率。）

③ 在上述微量离心管中配制下列反转录反应液，总量为 20μL。

试剂	使用量
上述变性后反应液	10μL
5×PrimeScript Ⅱ 缓冲液	4μL
RNase 抑制剂（40U/μL）	0.5μL（20U）
PrimeScript Ⅱ RNase（200U/μL）	1μL（200U）
无 RNA 酶灭菌水	总体积到 20μL

④ 缓慢混匀。

⑤ 按下列条件进行反转录反应：

（30℃ 10min）　　　　　　　［使用随机引物（6bp）时］

42～50℃　　　　　　　　　30～60min

⑥ 95℃ 5min（酶失活）后，冰上冷却。

注意事项：

① 合成 2kb 以下的 cDNA 时，随机引物（6bp）的使用量为 1～2μL；合成 2kb 以上的 cDNA 时，随机引物（6bp）的使用量为 0.4～1μL。也可使用基因特异性引物，此时，其在反应体系中的终浓度为 0.1μmol/L。

② PrimeScript Ⅱ RNase 对具有复杂二级结构的模板同样具有良好的延伸性能，通常可在 42℃下进行反应。使用特异性下游引物进行反转录时，有时会因错配而产生非特异性扩

增。此时可将反转录温度升到 45～50℃，可能会减少非特异性扩增。

③ 进行长片段 cDNA 扩增时，为了避免 cDNA 第一链的破损，请进行 70℃、15min 的失活反应。

【任务记录】

按照作业程序完成工作任务，填写过程记录表及结果记录表（详见《项目学习工作手册》）。

【项目交付】

根据客户的订单，核对订单号，仔细检查标签，邮箱地址和交货地址，填写客户交货单（详见《项目学习工作手册》），完成交货流程。

复盘提升

复盘自己的操作流程，分析失败或成功原因，填写注意事项（详见《项目学习工作手册》）。

项目拓展

一、植物病毒 RNA 提取

大多植物病毒 RNA 为单链 RNA，并且其极性与 mRNA 极性相同，植物病毒 RNA 提取较为简单，一般使用酚/氯仿即可获得满意结果。

① 在 1.5mL 离心管中加入提纯烟草花叶病毒（TMV）（10mg/mL）400μL，再加入等体积酚/氯仿，盖紧管盖后用手充分振荡 1min，4℃下 12000r/min 离心 10min。

② 吸取水相于一新 1.5mL 离心管，再用酚/氯仿抽提，直至水相和有机相交界面无蛋白质为止。

③ 吸取水相于新 1.5mL 离心管，加入等体积氯仿，用手倒置离心管数十秒，4℃下 12000r/min 离心 10min。

④ 取水相，加入其 1/10 体积的 3mol/L NaAc（pH 5.2），2.5 倍体积的冰冷乙醇，混匀，−20℃沉淀 30min。

⑤ 4℃下 12000r/min 离心 15min，小心弃去上清液，用 70%乙醇洗涤沉淀，4℃下 12000r/min 离心 5min。

⑥ 小心弃去上清液，沉淀真空干燥 5min 或空气干燥 10min，并溶于无 RNA 酶的灭菌水或 TE 缓冲液中。

⑦ 取 10μL 进行电泳分析。

注意：整个操作应尽可能在低温下进行。由于病毒 RNA 镶嵌于外壳蛋白里面，因此要充分剥去病毒外壳蛋白，一般需要多次进行酚/氯仿的抽提。

二、cDNA 的制备

mRNA 反转录得到的 cDNA 可用于测定基因表达的强度，鉴定已转录序列是否发生突变，克隆 mRNA 的 5′和 3′末端序列，以及从非常少量的 mRNA 样品构建大容量的 cDNA 文库。cDNA 合成涉及第一链和第二链的合成，其原理及过程见图 4-7。

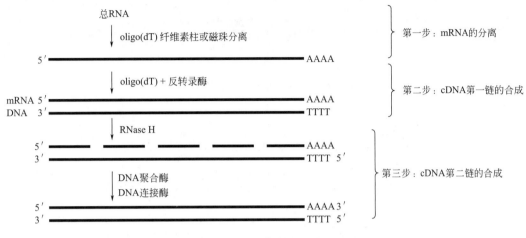

图 4-7 cDNA 合成原理及过程

1. cDNA 第一链的合成

由 mRNA 到 cDNA 的过程称为反转录，由反转录酶催化。常用的反转录酶有两种，即 AMV（来自禽成髓细胞瘤病毒）和 Mo-MLV（来自 Moloey 鼠白血病病毒），二者都是依赖于 RNA 的 DNA 聚合酶，有 5′→3′DNA 聚合酶活性。目前构建 cDNA 文库中常用的反转录酶多是通过点突变去掉了 RNA 酶 H 活性的 Mo-MLV。

反转录酶是依赖 RNA 的 DNA 聚合酶，合成 DNA 时需要引物引导。目前常用的引物主要有两种，即 oligo(dT) 和随机引物。oligo(dT) 引物一般包含 10～20 个脱氧胸腺嘧啶核苷和一段带有稀有酶切位点的片段，随机引物一般是包含 6～10 个碱基的寡核苷酸短片段。

oligo(dT) 引导的 cDNA 合成是在 cDNA 的合成过程中加入高浓度的 oligo(dT) 引物，oligo(dT) 引物与 mRNA 的 3′末端的 poly（A）配对，引导反转录酶以 mRNA 为模板合成第一链 cDNA。这种 cDNA 合成的方法在 cDNA 文库构建中应用极为普遍，其缺点主要是 cDNA 末端存在较长的 poly（A）而影响 cDNA 测序。

随机引物引导的 cDNA 合成是采用 6～10 个随机碱基的寡核苷酸短片段来锚定 mRNA 并作为反转录的起点。由于随机引物可能在一条 mRNA 链上有多个结合位点而从多个位点同时发生反转录，比较容易合成特长的 mRNA 分子的 5′端序列。随机引物 cDNA 合成的方法由于难以合成完整的 cDNA 片段而不适合构建 cDNA 文库，一般用于克隆特定 mRNA 的 5′-末端，如 RT-PCR 和 5′-RACE。

2. cDNA 第二链的合成

cDNA 第二链的合成就是将上一步形成的 mRNA-cDNA 杂合双链变成互补双链 cDNA 的过程。cDNA 第二链合成的方法大致有四种，自身引导合成法、置换合成法、引导合成法和引物-衔接头合成法。

① 自身引导合成法 自身引导法合成 cDNA 第二链的过程见图 4-8，首先用氢氧化钠消化杂合双链中的 mRNA 链，解离的 cDNA 第一链的 3′-末端就会形成一个发夹环（发夹环的

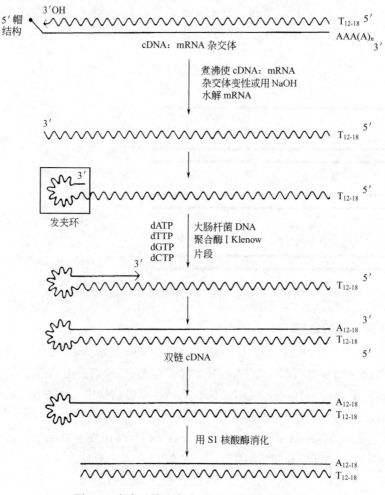

图 4-8   自身引导法合成 cDNA 第二链的过程

产生是 cDNA 第一链合成时的特性，原因至今未知，据推测可能是与帽子的特殊结构相关），并引导 DNA 聚合酶复制出第二链，此时形成的双链之间是连接在一起的，再利用 S1 核酸酶将连接处（仅该位点处为单链结构）切断形成平端结构进行连接。这样的处理要求很高纯度的 S1 核酸酶，否则容易导致双链分子的降解从而丧失部分序列。1982 年前，自身引导合成法是 cDNA 合成中的常用方法，但由于 S1 核酸酶的操作很难控制，经常导致 cDNA 的大量损失，现在已经不常使用。

　　② 置换合成法　　置换合成法合成 cDNA 第二链的过程见图 4-9，它是由一组酶共同控制，包括 RNA 酶 H、大肠杆菌 DNA 聚合酶 I 和 DNA 连接酶。在 mRNA-cDNA 杂合双链中，RNA 酶 H 在 mRNA 链上切出很多切口，产生很多小片段，大肠杆菌 DNA 聚合酶 I 以这些小片段为引物合成 cDNA 第二链片段。这些 cDNA 片段进而在 DNA 连接酶的作用下连接成一条链，即 cDNA 的第二链。遗留在 5′-末端的一段很小的 mRNA 也被大肠杆菌 DNA 聚合酶 I 的 5′→3′核酸外切酶和 RNA 酶 H 降解，暴露出与第一链 cDNA 对应的 3′端部分序列。同时，大肠杆菌 DNA 聚合酶 I 的 3′→5′核酸外切酶的活性可将暴露出的第一链 cDNA 的 3′端部分消化掉，形成平端或差不多的平端。这种方法合成的 cDNA 在 5′端存在几个核苷酸缺失，但一般不影响编码区的完整性。

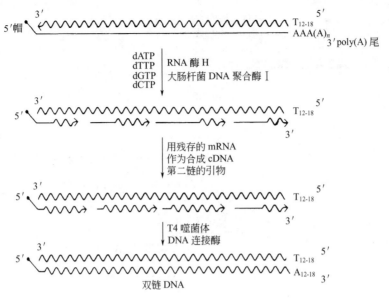

图 4-9　置换合成法合成 cDNA 第二链的过程

③ 引导合成法　引导合成法是 Okayama 和 Berg 提出的，其基本过程见图 4-10。首先制备一端带有 poly(dG) 的片段 II 和带有 poly(dT) 的载体片段 I，并用片段 I 来代替 oligo(dT) 进行 cDNA 第一链的合成，在第一链 cDNA 合成后直接采用末端转移酶在第一链 cDNA 的 3′端加上一段 poly(dC) 的尾巴，同时进行酶切创造出一个黏性末端，与片段 II 一起形成环化体，这种环化了的杂合双链在 RNA 酶 H、大肠杆菌 DNA 聚合酶 I 和 DNA 连接酶的作用下合成与载体连接在一起的双链 cDNA。其主要特点是合成全长 cDNA 的比例较高，但操作比较复杂，形成的 cDNA 克隆中都带有一段 poly(dC)/(dA)，对重组子的复制和测序都不利。

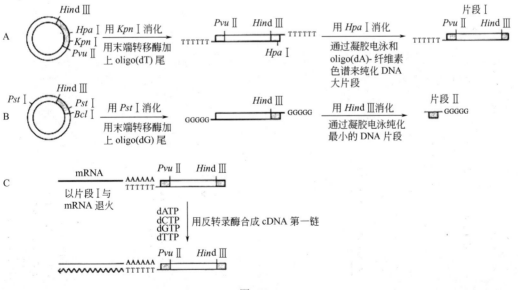

图 4-10

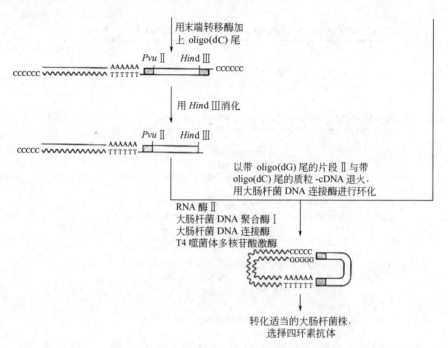

图 4-10 引导合成法合成 cDNA 第二链的过程

④ 引物-衔接头合成法 引物-衔接头合成法是通过改进引导合成法而来的。第一链合成后直接采用末端转移酶（TdT）在第一链 cDNA 的 3′端加上一段 poly(dC) 的尾巴，然后用一段带接头序列的 poly(dG) 短核苷酸链作引物合成互补的 cDNA 链，接头序列可以是适用于 PCR 扩增的特异序列或用于方便克隆的酶切位点的序列。这一方法目前已经发展成 PCR 法构建 cDNA 文库的常用方法。

项目五
体外扩增目的基因

学习目标

1. 知识目标

（1）了解 DNA 的生物合成原理。

（2）熟悉 PCR 基本原理、基本步骤。

（3）掌握引物设计的原则。

（4）掌握 PCR 反应体系及组分。

2. 技能目标

（1）能根据客户要求，设计合适的引物。

（2）能独立设计 PCR 扩增方案并实施。

（3）能独立进行 PCR 产物胶回收。

（4）能分析 PCR 产物琼脂糖凝胶电泳结果。

（5）能区分实训中产生的"三废"，并进行正确处理。

3. 思政与职业素养目标

（1）了解 PCR 的发明过程，认识到团队合作的重要性。

（2）学习 PCR 的应用，树立科研创新发展的理念。

项目简介

目的基因，就是需要研究的特定基因或 DNA 片段。目前，获取目的基因的方法很多，最常用的是 PCR 体外扩增技术。PCR 体外扩增技术，即聚合酶链式反应（polymerase chain reaction，PCR），它是 20 世纪 80 年代中期发展起来的一种体外扩增特异 DNA 片段的技术。PCR 技术的出现和发展，为目的基因的获取提供了有力的技术工具。它操作简便、快速，短时间内便可获得数百万个特异的目的 DNA 序列的拷贝。PCR 技术的出现，引起了生物技术发展的一次革命，现已迅速渗透到分子生物学的各个领域，在分子克隆、目的基因检测、遗传病的基因诊断、法医学、考古学等方面得到了广泛应用。

项目引导

一、DNA 的生物合成

作为遗传物质的 DNA 不仅要贮存大量的遗传信息，而且还必须能够准确地自我复制，这就是细胞内 DNA 的生物合成。DNA 严格遵循碱基配对原则，形成互补的双链结构，这对于保持遗传信息的稳定性和实现复制的准确性具有十分重要的意义。

1. DNA 的半保留复制

1953 年，Watson 和 Crick 在建立了 DNA 双螺旋结构模型的同时，提出了 DNA 复制机制的假说：DNA 双链解开，以每一条链为模板，按碱基配对原则合成一条新链。最后，形成两个与原来 DNA 分子相同的新 DNA 双螺旋分子。每一个新 DNA 分子中，一条是从原来的 DNA 分子中来的旧链，另一条是合成的新链，故称为半保留复制（semi-conservative replication），如图 5-1 所示。1958 年，Meselson 和 Stahl 用同位素实验证明了 DNA 的半保留复制方式。

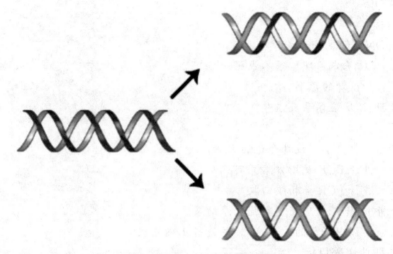

图 5-1   DNA 的半保留复制

2. 参与复制的酶和蛋白质因子

DNA 复制是一个十分复杂而精确的过程，涉及许多重要的酶和蛋白质因子。

① 解链酶   DNA 复制和修复时都必须解开双链使其成为单链，提供单链 DNA 模板，DNA 解链酶就是催化 DNA 双螺旋解链的酶。各种解链酶与引物酶等常构成复合体，并借助 ATP 的能量，在 DNA 复制时有协同作用，从而解开双螺旋。

② 单链结合蛋白   单链结合蛋白是一种能与单链 DNA 结合的特异性蛋白。单链结合蛋白与单链 DNA 结合后，可保护单链 DNA 免遭核酸酶的降解，还可防止解链的 DNA 再度自发形成双螺旋，使其保持伸展状态而碱基暴露，以便作为合成新链的模板。

③ DNA 聚合酶   DNA 聚合酶是完成 DNA 复制的重要酶，其作用是使脱氧核苷三磷酸（dNTP）准确地和 DNA 模板链上的互补碱基结合，并使结合上去的 dNTP 按顺序连接成链。需要注意的，一是 DNA 聚合酶只能使核苷酸按 $5' \rightarrow 3'$ 方向成链；二是 DNA 聚合酶只能把核苷酸连到已经和 DNA 模板互补产生的多核苷酸链上，而不能从头开始聚合。

④ 引物酶和引发体   DNA 聚合酶没有从头合成的能力，所以各种 DNA 复制开始时都需要有引物，在引物的基础上才能进行 DNA 的聚合反应。通常引物是在复制前先行合成的一小段 RNA，它是 RNA 聚合酶与复制起点结合后，以 DNA 为模板而催化合成的。引物酶的分子质量为 60000Da，它必须与另外几种辅助蛋白组装成引发体，才有合成引物的活性。

⑤ DNA 连接酶   DNA 连接酶能催化一个 DNA 链的 5′-磷酸根与另一个 DNA 链的 3′-

羟基形成磷酸二酯键，但是这两个链必须与同一个互补链结合，而且两个链必须是相邻的，反应要供给能量。

⑥ 拓扑异构酶 拓扑异构酶的作用是催化 DNA 链的断裂和结合，从而控制 DNA 的拓扑状态。

3. 复制的基本过程

DNA 复制过程十分复杂，大致包括起始、延伸、终止三个阶段。

① 起始阶段 DNA 的复制有固定的起始部位，在原核细胞中，只有一个复制起点，真核细胞的线状 DNA 上有多个复制起点。在起始部位首先起作用的是解链酶和拓扑异构酶，它们使 DNA 超螺旋结构变得松弛，解开双螺旋形成两条局部的单链，单链结合蛋白随即结合上去，保护并稳定 DNA 单链，形成复制点。这个复制点的形状像一把叉子，故称为复制叉。当两股单链暴露出足够数量的碱基时，引物酶发挥作用。引物酶能识别起始部位，以 dNTP 为原料，以解开的 DNA 单链为模板，按照碱基配对规律，从 $5'{\rightarrow}3'$ 方向合成一条约为十多个至数十个核苷酸的 RNA 引物。前导链的模板上只合成一段引物，而后随链的模板上可以合成许多个引物。

② 延伸阶段 在细胞内，DNA 的两条链各自都可以作为模板，分别合成两条新的 DNA 子链。由于 DNA 两条链中的一条链是 $5'{\rightarrow}3'$ 方向，另一条链是 $3'{\rightarrow}5'$ 方向，而 DNA 聚合酶催化 DNA 新链的合成只能沿着 $5'{\rightarrow}3'$ 方向进行，所以新合成的 DNA 子链中有一条链的合成方向与复制叉前进方向一致，其合成是连续的，称为前导链；而另一条链的合成方向与复制叉的前进方向相反，其合成不能沿着复制叉的前进方向连续延长，必须等待模板链解出足够长度，才能开始并延长，一段链在延长的同时又等待下一段模板解开并暴露足够长度的单链，因此这股链的合成是不连续进行的，称为后随链。后随链的复制是由引物酶分段生成 RNA 引物，然后在引物的基础上分段合成一些较短的 DNA 片段。这些片段是冈崎 (Okazaki) 在 1968 年首先发现的，故又称为冈崎片段。冈崎片段的合成方向仍然是 $5'{\rightarrow}3'$ 方向，反应直至下一个引物 RNA 的 $5'$ 末端为止。在原核生物中每个冈崎片段约含 1000～2000 个核苷酸，在真核细胞中约含 100～200 个核苷酸。

③ 终止阶段 DNA 复制时，前导链可以不断地延长，后随链以冈崎片段来延长。DNA 聚合酶的 $5'{\rightarrow}3'$ 外切酶活性将相邻的两个冈崎片段间的 RNA 引物切除，然后再通过其 $5'{\rightarrow}3'$ 聚合酶活性，依据模板的碱基顺序，在前一冈崎片段的 $3'{-}OH$ 末端的基础上填补切除后留下的空隙，直至下一冈崎片段的 $5'{-}P$ 末端，此时两个片段的 $3'{-}OH$ 和 $5'{-}P$ 末端仍是游离的。DNA 连接酶在此阶段起作用，催化片段之间的 $3'{-}OH$ 末端和 $5'{-}P$ 末端生成磷酸二酯键，完成新链的合成。新 DNA 分子还需在拓扑异构酶的作用下形成具有空间结构的新 DNA，实际上是一边复制，一边就螺旋空间化了。DNA 复制的基本过程如图 5-2 所示。

现已证明，真核细胞与原核细胞的 DNA 复制方式基本相似，但有关的酶和某些复制细节有所区别。以上讨论的是细胞中线状 DNA 分子的复制过程。有些细菌、病毒以及线粒体中的环状 DNA 分子，它们虽然也进行半保留复制，但复制过程与线状 DNA 分子不完全相同，多是滚动式复制。

二、PCR 的原理

PCR 是在体外模拟 DNA 复制的天然过程，以拟扩增的 DNA 分子为

PCR 原理

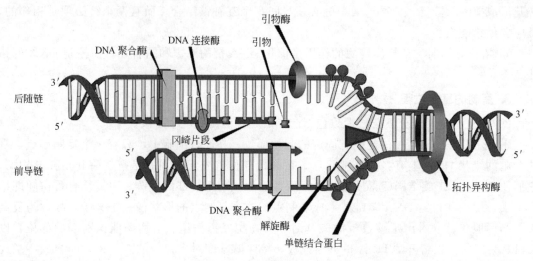

图 5-2　DNA 复制的基本过程

模板，以一对分别与模板互补的寡核苷酸片段为引物，在 DNA 聚合酶的作用下，按照半保留复制的机理沿着模板链延伸直至完成新的 DNA 的合成。PCR 技术的特异性依赖于与靶序列两端互补的寡核苷酸引物。PCR 反应涉及多次重复进行的温度循环周期，而每一个温度循环周期均是由变性、退火及延伸三个基本步骤构成，如图 5-3 所示。

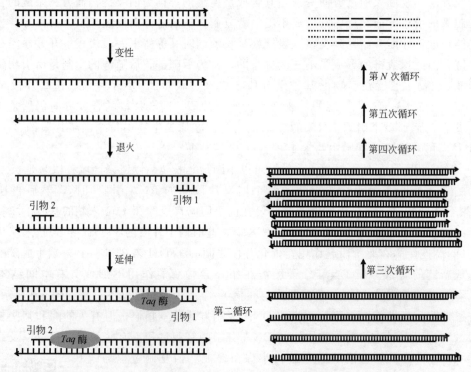

图 5-3　PCR 反应的一般步骤

1. 变性

模板 DNA 经加热至 94℃左右一定时间后，使模板 DNA 双链或经 PCR 扩增形成的双链 DNA 解离，使之成为单链，以便它与引物结合，为下轮反应作准备。

2. 退火

模板 DNA 经加热变性成单链后，温度降至 55℃左右，引物与模板 DNA 单链的互补序列配对结合。

3. 延伸

DNA 模板-引物结合物在 *Taq* DNA 聚合酶的作用下，以靶序列为模板，以 dNTP 为反应原料，按碱基配对与半保留复制原理，合成一条新的与模板 DNA 链互补的链，重复循环"变性—退火—延伸"过程，就可获得更多的新链，而且这种新链又可成为下次循环的模板。

实验中 PCR 扩增技术每次反应的循环次数一般为 25～30。如果每次循环 2～3min，3h 左右就能将目的基因放大到几百万倍，扩增反应一般在 PCR 扩增仪中完成。

三、DNA 聚合酶

DNA 聚合酶的作用是将 1 个脱氧三磷酸核苷酸加到引物的 3′-OH 上，释放出一个焦磷酸分子。常用的 DNA 聚合酶主要有大肠杆菌 DNA 聚合酶 Ⅰ、大肠杆菌 DNA 聚合酶 Ⅰ 的 Klenow 片段、噬菌体 DNA 聚合酶、*Taq* DNA 聚合酶和逆转录酶等。

1. 大肠杆菌 DNA 聚合酶 Ⅰ

大肠杆菌 DNA 聚合酶 Ⅰ（*E. coli* DNA polymerase）主要有 3 种作用：①5′→3′的聚合作用，但不是复制染色体而是修补 DNA，填补 DNA 上的空隙或是切除 RNA 引物后留下的空隙；②3′→5′的外切酶活性，消除在聚合作用中掺入的错误核苷酸；③5′→3′外切酶活性，切除受损伤的 DNA。

2. 大肠杆菌 DNA 聚合酶 Ⅰ 的 Klenow 片段

大肠杆菌 DNA 聚合酶 Ⅰ 的 Klenow 片段是完整的 DNA 聚合酶 Ⅰ 的一个片段，只有 5′→3′聚合酶活性和 3′→5′外切酶活性，失去了 5′→3′外切酶活性。它可用于填补 DNA 单链末端成为双链。如果供给 ^{32}P 标记的三磷酸核苷酸，则可使 DNA 带上同位素标记。当用交错切割的限制性内切酶切成带有单链黏性末端的 DNA 片段，要用被切成平末端的 DNA 片段连接时，可以先用 Klenow 片段将黏性末端的单链补齐成为平末端，然后在 DNA 连接酶作用下把两个 DNA 片段连接起来。

此外，大肠杆菌体内还有 DNA 聚合酶 Ⅱ 和 DNA 聚合酶 Ⅲ。前者不能利用单链 DNA 或 poly（dA-dT）为模板，需有镁离子和 dNTP 时才能表现出酶活性，无自发合成 DNA 的作用。后者没有 5′→3 外切酶活性，也不能用单链 DNA 作为模板。

3. 噬菌体 DNA 聚合酶

噬菌体 DNA 聚合酶也具有 5′→3′聚合酶活性，但它的外切酶活性比大肠杆菌的要高 200 倍。因此，它也可用来补齐单链末端或标记同位素。

4. Taq DNA 聚合酶

Taq DNA 聚合酶是从一种水生栖热菌（*Thermus aquaticus*）yT1 株分离提取的。该菌是 1969 年从美国黄石国家森林公园火山温泉中分离的一种嗜热古菌，能在 70～75℃生长。该酶基因全长 2496 个碱基，编码 832 个氨基酸，酶蛋白分子量为 94kDa。*Taq* DNA 聚合酶的热稳定性是该酶用于 PCR 反应的前提条件，也是 PCR 反应能迅速发展和广泛应用的原因。

Taq DNA 聚合酶是 Mg^{2+} 依赖性酶，该酶的催化活性对 Mg^{2+} 浓度非常敏感。由于 Mg^{2+} 能与 dNTP 结合而影响 PCR 反应液中游离的 Mg^{2+} 浓度，因而 $MgCl_2$ 的浓度在不同的反应体系中应适当调整优化。一般反应中 Mg^{2+} 浓度至少应比 dNTP 总浓度高 0.5~1.0mmol/L。*Taq* DNA 聚合酶无校对活性，易产生错配碱基。

5. 逆转录酶

逆转录酶（reverse transcriptase）是以 RNA 为模板指导三磷酸脱氧核苷酸合成互补 DNA（cDNA）的酶。哺乳类 C 型病毒的逆转录酶和鼠类 B 型病毒的逆转录酶都是一条多肽链。鸟类 RNA 病毒的逆转录酶则有两个以上亚基结构。真核生物中也都分离出具有不同结构的逆转录酶。这种酶需要 Mg^{2+} 或 Mn^{2+} 作为辅助因子，当以 mRNA 为模板时，先合成单链 DNA（ssDNA），再在反转录酶和 DNA 聚合酶 I 作用下，以单链 DNA 为模板合成"发夹"型的双链 DNA（dsDNA），再由 S1 核酸酶切成二条单链的双链 DNA。因此，反转录酶可用来把任何基因的 mRNA 反转录成 cDNA 拷贝，然后大量扩增插入载体后的 cDNA，也可用来标记 cDNA 作为放射性的分子探针。

四、PCR 引物设计

PCR 引物设计

引物是待扩增的核酸片段两端的已知序列，是 PCR 特异性反应的关键，PCR 产物的特异性取决于引物与模板 DNA 互补的程度。因此，引物的设计在整个 PCR 扩增中占有十分重要的地位。PCR 引物设计的目的是为了找到一对合适的核苷酸片段，使其能有效地扩增模板 DNA 序列。引物的优劣直接关系到 PCR 的特异性成功与否。PCR 引物的设计应遵循以下基本原则。

1. 引物应在核酸序列保守区内设计并具有特异性

DNA 序列的保守区是通过物种间相似序列的比较确定的。在 NCBI 上搜索不同物种的同一基因，通过序列分析软件（比如 DNAMAN）比对，各基因相同的序列就是该基因的保守区。

2. 引物长度一般在 15~30bp

引物长度常用的是 18~30bp，但不应大于 38bp，因为过长会导致其延伸温度大于 74℃，不适于 *Taq* DNA 聚合酶进行反应。

3. 引物 G+C 含量在 40%~60%，GC 含量过高或过低都不利于引发反应

T_m 值是寡核苷酸的解链温度（melting temperature），即在一定盐浓度条件下，50% 寡核苷酸双链解链的温度。有效启动温度一般高于 T_m 值 5~10℃。若按公式 $T_m = 4(G+C) + 2(A+T)$ 估计引物的 T_m 值，则有效引物的 T_m 为 55~80℃，其 T_m 值最好接近 72℃ 以使复性条件最佳。另外，上下游引物的 GC 含量不能相差太大。

4. 碱基要随机分布

引物序列在模板内应当没有相似性较高的序列，尤其是 3′ 端相似性较高的序列，否则容易导致错误引发。降低引物与模板相似性的一种方法是引物中 4 种碱基的分布最好是随机的，不要有聚嘌呤或聚嘧啶的存在。尤其 3′ 端不应有超过 3 个连续的 G 或 C，这样会使引物在 GC 富集序列区错误引发。

5. 引物自身及引物之间不应存在互补序列

引物自身不应存在互补序列，否则引物自身会折叠成发夹结构使引物本身复性。这种二级结构会因空间位阻而影响引物与模板的复性结合。引物自身不能有连续 4 个碱基的互补。两引物之间也不应具有互补性，尤其应避免 3′ 端的互补重叠，以防止引物二聚体的形成。

6. PCR 的延伸是从两引物的 3′ 端开始的，并决定着 PCR 产物的特异性

引物 3′ 端要避开密码子的第 3 位，如扩增编码区域，引物 3′ 端不要终止于密码的第 3 位，因为密码子的第 3 位易发生简并，会影响扩增的特异性与效率。

7. 引物 3′ 端不能选择 A

引物 3′ 端错配时，不同碱基引发效率存在着很大的差异，当末位的碱基为 A 时，即使在错配的情况下，也能有引发链的合成，而当末位的碱基为 T 时，错配的引发效率大大降低，G、C 错配的引发效率介于 A、T 之间，所以 3′ 端最好选择 T。

8. 引物 5′ 端和中间 ΔG 值应该相对较高，而 3′ 端 ΔG 值较低

ΔG 值是指 DNA 双链形成所需的自由能，反映了双链结构内部碱基对的相对稳定性，ΔG 值越大，则双链越稳定。应当选用 5′ 端和中间 ΔG 值相对较高，而 3′ 端 ΔG 值较低（绝对值不超过 9）的引物。引物 3′ 端的 ΔG 值过高，容易在错配位点形成双链结构并引发 DNA 聚合反应。不同位置的 ΔG 值可以用 Oligo 软件进行分析。

9. 引物的 5′ 端可以修饰，而 3′ 端不可修饰

引物的 5′ 端决定着 PCR 产物的长度，对扩增特异性影响不大。因此，5′ 端修饰后不但不影响正常的 PCR 反应，实际上是给 PCR 产物的 5′ 端人为地加上了一段有意义的序列，对于 PCR 产物的分析与进一步操作有很大的便利。根据不同的实验目的，可以在引物 5′ 端附加长达 45 个核苷酸的序列而不影响 PCR。在加酶切位点时，需注意在酶切位点的 5′ 端应再加 2～4 个无关碱基，以确保产物的酶切效果。

10. 扩增产物的单链不能形成二级结构

某些引物无效主要是扩增产物单链二级结构的影响，选择扩增片段时最好避开二级结构区域。

引物的设计应综合考虑多方面因素，应尽量遵从上述原则，但必须根据实际情况具体分析。目前，国内外已有许多专门用于引物设计的计算机程序，简化了引物的设计过程，如 Oligo 软件和 Primer 软件等。

五、PCR 反应体系

PCR 反应要素有模板、引物、酶、dNTP、缓冲液和其他因素。标准的 PCR 反应体积为 $50 \sim 100 \mu L$，其中含有：①$10 \times$扩增缓冲液 $10 \mu L$ [50mmol/L KCl，10mmol/L Tris-HCl（pH = 8.3），1.3mmol/L $MgCl_2$，100ng/mL 明胶]；②4 种 dNTP（dATP、dCTP、dGTP、dTTP 各 $200 \mu mol/L$）混合物；③两种引物各 $10 \sim 100pmol$；④模板 DNA $0.1 \sim 2 \mu g$（需根据具体情况加以调整，一般需 $10^2 \sim 10^5$ 拷贝的 DNA）；⑤Taq DNA 聚合酶，2.5U；⑥Mg^{2+}，1.5mmol/L；⑦最后加去离子水调至 $100 \mu L$。

项目实施

【拟定计划】

① 根据参考方法或客户需求填写作业流程单（详见《项目学习工作手册》），列出操作要求。

② 按照实训中心给定的条件，合理划分工作阶段、小组工作任务和个人工作任务，填写工作计划及任务分工表（详见《项目学习工作手册》），报给主管（或教师）备案。

【材料准备】

全班讨论各个小组的方案，深入理解原理，按照选择的方案的需要，选择最佳方案，修订作用程序，填写材料申领单（详见《项目学习工作手册》）。

【任务实施】

任务一　引物设计

引物一般需要一对，分别是正向引物和反向引物。这里教大家如何一步步设计这两个引物。在设计之前你需要有一个可以设计引物的软件，下面以 DNAMAN 软件为例进行介绍。

正向引物设计的技能学习如下。

① 首先要拿到自己要设计引物的目的基因的序列。这里使用一段 SARS-CoV-2 N 基因给大家讲解。将目的基因的序列保存在 txt 文档里面，或者直接复制下来后在 DNAMAN 里面新建文档复制进去。下面是要设计引物的 SARS-CoV-2 N 基因序列。

```
ATGTCTGATAATGGACCCCAAAATCAGCGAAATGCACCCCGCATTACGTTTGGTG
GACCCTCAGATTCAACTGGCAGTAACCAGAATGGAGAACGCAGTGGGGCGCGATC
AAAACAACGTCGGCCCCAAGGTTTACCCAATAATACTGCGTCTTGGTTCACCGCT
CTCACTCAACATGGCAAGGAAGACCTTAAATTCCCTCGAGGACAAGGCGTTCCAA
TTAACACCAATAGCAGTCCAGATGACCAAATTGGCTACTACCGAAGAGCTACCAG
ACGAATTCGTGGTGGTGACGGTAAAATGAAAGATCTCAGTCCAAGATGGTATTT
CTACTACCTAGGAACTGGGCCAGAAGCTGGACTTCCCTATGGTGCTAACAAAGAC
GGCATCATATGGGTTGCAACTGAGGGAGCCTTGAATACACCAAAAGATCACATTG
GCACCCGCAATCCTGCTAACAATGCTGCAATCGTGCTACAACTTCCTCAAGGAAC
AACATTGCCAAAAGGCTTCTACGCAGAAGGGAGCAGAGGCGGCAGTCAAGCCTCT
TCTCGTTCCTCATCACGTAGTCGCAACAGTTCAAGAAATTCAACTCCAGGCAGCA
GTAGGGGAACTTCTCCTGCTAGAATGGCTGGCAATGGCGGTGATGCTGCTCTTGC
TTTGCTGCTGCTTGACAGATTGAACCAGCTTGAGAGCAAAATGTCTGGTAAAGGC
CAACAACAACAAGGCCAAACTGTCACTAAGAAATCTGCTGCTGAGGCTTCTAAGA
AGCCTCGGCAAAACGTACTGCCACTAAAGCATACAATGTAACACAAGCTTTCGG
CAGACGTGGTCCAGAACAAACCCAAGGAAATTTTGGGGACCAGGAACTAATCAGA
CAAGGAACTGATTACAAACATTGGCCGCAAATTGCACAATTTGCCCCCAGCGCTT
CAGCGTTCTTCGGAATGTCGCGCATTGGCATGGAAGTCACACCTTCGGGAACGTG
GTTGACCTACACAGGTGCCATCAAATTGGATGACAAAGATCCAAATTTCAAAGAT
CAAGTCATTTTGCTGAATAAGCATATTGACGCATACAAAACATTCCCACCAACAG
```

AGCCTAAAAAGGACAAAAAGAAGAAGGCTGATGAAACTCAAGCCTTACCGCAGA
GACAGAAGAAACAGCAAACTGTGACTCTTCTTCCTGCTGCAGATTTGGATGATTT
CTCCAAACAATTGCAACAATCCATGAGCAGTGCTGACTCAACTCAGGCCTAA

② 打开 DNAMAN，选择菜单里面的 Primer→Load Primer→From Input。将上一步中的目的基因序列从开头开始的 20 个左右的碱基复制粘贴进去（引物长度要在 15～30bp，常用的是 18～27bp），比如先试试前 20 个碱基是否合适，将 ATGTCTGATAATGGACCCCA 这 20 个碱基复制粘贴，点击 OK（图 5-4）。

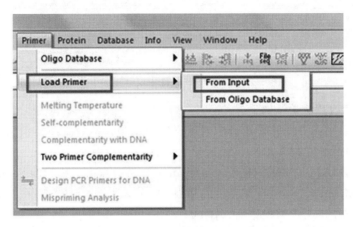

图 5-4　DNAMAN 软件中输入序列

③ 再次点击 Primer，选择 Melting Temperature，打开对话框。对话框中可以看到刚刚输入的碱基序列、碱基个数以及 Thermo 值。Thermo 值，即 T_m 值，是指解链温度。T_m 值一般在 55℃ 到 70℃ 比较好，PCR 仪的退火温度一般设定比 primer 的 T_m 低 5℃。一般情况我们都设定为 55℃，因此 T_m 值在 60℃ 左右比较好（图 5-5）。

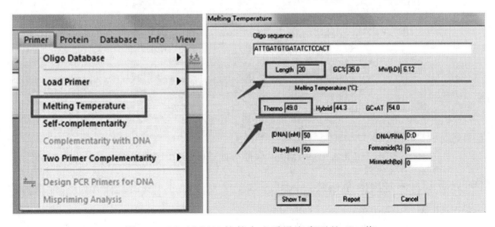

图 5-5　DNAMAN 软件中查看设定序列的 T_m 值

④ 从上图可以看到，这 20 个碱基序列的 T_m 值只有 49℃，显然太低，需要增加碱基数量。重新选取 SARS-CoV-2 N 基因序列的前 24 个碱基粘贴进去，点击下方 Show Tm，可以看到这个引物的 T_m 值是 60.3℃。这样就符合引物的设计要求了，正向引物就设计完毕，把这 24 个碱基序列保存下来（图 5-6）。

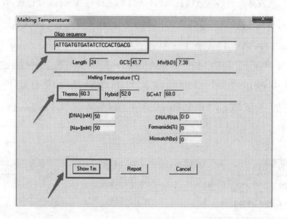

图 5-6   DNAMAN 软件中设计正向引物

反向引物设计的技能学习如下。

① 设计反向引物需要将目的基因序列进行反向互补，然后按照正向引物一样的方法设计便可。反向互补操作可以在 DNAMAN 里面完成。

② 打开 DNAMAN，选择左侧第一个 Channel，然后点击菜单栏的 Sequence→Load Sequence→From Sequence File⋯将保存目的基因的 txt 文档导入到软件中。打开 txt 文档的时候记得在打开窗口中的文件类型里面选择 All Files（图 5-7）。

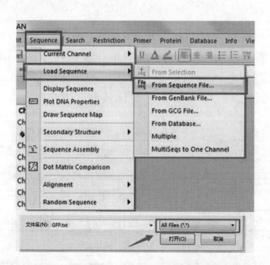

图 5-7   DNAMAN 软件中打开目的基因序列

③ 可以看到目的基因的序列被导入到了第一个 Channel，双击这个 Channel 便可以看到该序列的详细信息。

④ 保持 Channel 1 选中的状态，选择 Sequence→Display Sequence，打开对话框。选择对话框中的 Reverse Complement Seq，其他的复选框都取消。然后点击OK。这样就可以看到目的基因的反向互补序列了（图 5-8）。

⑤ 对这个反向互补序列进行和上面正向引物设计一样的操作，便可获得反向引物的序列。选择反向互补序列的前 24 个碱基，即 AGTGCTGACTCAACTCAGGCCTAA，其 T_m 值为 57.6℃，比较合适。这样反向引物就设计完毕，把这 24 个碱基序列保存下来（图 5-9）。

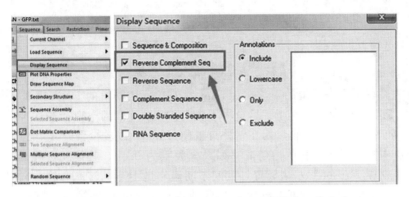

图 5-8　DNAMAN 软件中查看目的基因的反向互补序列

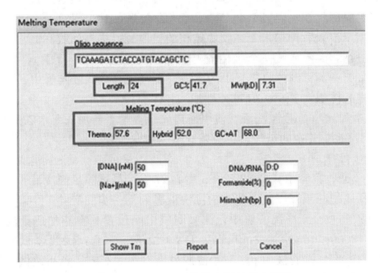

图 5-9　DNAMAN 软件中设计反向引物

任务二　模板 DNA 提取

具体操作见项目二。

PCR 扩增特定片段基因

PCR 仪操作

任务三　PCR 扩增目的片段

① 在 0.2mL 或 0.5mL 的 PCR 薄壁管中，依次加入 PCR 反应缓冲液、4 种 dNTP、引物（正向引物和反向引物）、DNA 模板、水和 *Taq* DNA 聚合酶。

② 充分混匀，离心 30s。

③ 置 PCR 管于 PCR 仪中反应，设置反应条件：预变性 94℃ 5min；变性 94℃ 30s；复性 55℃ 30s；延伸 72℃ 1min；循环 30 次，延长延伸 72℃ 10min，降温 25℃ 1s，进行扩增。

④ PCR 反应结束，取出反应管放置于 -20℃ 保存待检。

任务四　琼脂糖凝胶电泳检测 PCR 产物

具体操作见项目二。

任务五　回收 PCR 产物

① 电泳之后，用干净无菌的刀片在 365nm 紫外光下切割目的 DNA 条带，放入 1.5mL 离心管中，积累凝胶至大约 300μL。尽量将不含有 DNA 片段的空白凝胶切掉，以节约溶胶液，并提高回收率。不要将凝胶暴露在紫外灯下超过 30s，以较少紫外线对 DNA 的破坏。

② 向胶块中加入等倍体积的溶解液（如果凝胶重为 0.1g，其体积可视为 100μL，则加入 100μL 溶解液），50～65℃水浴放置，其间不断温和地上下翻转离心管，以确保胶块充分溶解。如果还有未溶的胶块，可继续放置几分钟或再补加一些溶胶液，直至胶块完全溶解（若胶块的体积过大，可事先将胶块切成碎块）。注意：胶块完全溶解后最好将溶液温度降至室温再上柱，因为吸附柱在室温时结合 DNA 的能力较强。对于回收＜300bp 的小片段可在加入溶解缓冲液完全溶胶后再加入 1/2 胶块体积的异丙醇以提高回收率。

③ 将上一步所得溶液加入一个吸附柱中（吸附柱放入收集管中），室温放置 2min，12000r/min 离心 30～60s，倒掉收集管中的废液，将吸附柱放入收集管中。注意：吸附柱容积为 800μL，若样品体积大于 800μL 可分批加入。

④ 向吸附柱中加入 600μL 漂洗液（使用前请先检查是否已加入无水乙醇），12000r/min 离心 30～60s，倒掉收集管中的废液，将吸附柱放入收集管中。

⑤ 重复上一步操作。

⑥ 将吸附柱放回收集管中，12000r/min 离心 2min，尽量除尽漂洗液。将吸附柱置于室温放置数分钟，彻底地晾干，以防止残留的漂洗液影响下一步的实验。

⑦ 将吸附柱放到一个干净离心管中，向吸附膜中间位置悬空滴加适量洗脱缓冲液 EB，室温放置 2min。12000r/min 离心 2min 收集 DNA 溶液。注意：洗脱体积不应小于 30μL，体积过少影响回收效率。洗脱液的 pH 对于洗脱效率有很大影响。若后续做测序，需使用双蒸水做洗脱液，并保证其 pH 在 7.0～8.5，pH 低于 7.0 会降低洗脱效率；且 DNA 产物可以保存在 −20℃，以防 DNA 降解（图 5-10）。

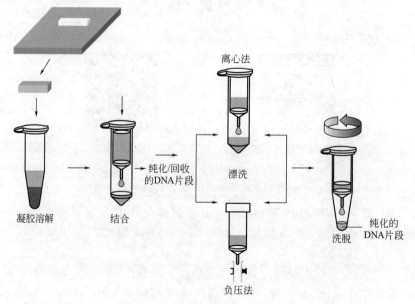

图 5-10　酶切产物胶回收流程

【任务记录】

按照作业程序完成工作任务，填写过程记录表及结果记录表（详见《项目学习工作手册》）。

【项目交付】

根据客户的订单，核对订单号，仔细检查标签，邮箱地址和交货地址，填写客户交货单（详见《项目学习工作手册》），完成交货流程。

复盘提升

复盘自己的操作流程，分析失败或成功原因，填写注意事项（详见《项目学习工作手册》）。

项目拓展

一、RT-PCR

RT-PCR（reverse transcriptase PCR，RT-PCR）是聚合酶链式反应的一种广泛应用的变形。在 RT-PCR 中，一条 RNA 链被逆转录成为互补 DNA，再以此为模板通过 PCR 进行 DNA 扩增。RT-PCR 的指数扩增是一种很灵敏的技术，可以检测很低拷贝数的 RNA，它的出现使一些极微量的 RNA 样品的检测成为可能。RT-PCR 可用于检测单个细胞或少数细胞中少于 10 个拷贝的特异 RNA，为 RNA 病毒检测提供了方便，并为获得与扩增特定的 RNA 互补的 cDNA 提供了一条极为有利和有效的途径。RT-PCR 广泛应用于遗传病的诊断，并且可以用于定量监测某种 RNA 的含量。

RT-PCR 中的关键步骤是 RNA 的逆转录。RT-PCR 对 RNA 制品的要求极为严格，作为模板的 RNA 分子必须是完整的，并且不含 DNA、蛋白质和其他杂质。RNA 中即使含有极微量的 DNA，经扩增后也会出现非特异性扩增；蛋白质未除净，与 RNA 结合后会影响逆转录和 PCR；残存的 RNase 极易将模板 RNA 降解掉。

用于该反应的引物可以是随机六聚核苷酸或寡聚脱氧胸苷酸，也可以是针对目的基因设计的特异性引物（GSP）。反应常用的逆转录酶有两种，即禽类成髓细胞性白血病病毒 Avian myeloblastosis virus，AMV）和莫洛尼鼠类白血病病毒（Moloney murine leukemia virus，Mo-MLV）的逆转录酶。一般情况下用 Mo-MLV-RT 较多，但模板 RNA 的二级结构严重影响逆转录时，可改用 AMV-RT，因后者最适温度为 72℃，高于 Mo-MLV-RT 的最适温度（37℃），同时较高的反应温度有助于消除 RNA 的二级结构。

RT-PCR 也可以在一个系统中进行，称为一步法扩增，它能检测低丰度 mRNA 的表达，利用同一种缓冲液，在同一体系中加入逆转录酶、引物、*Taq* 酶、4 种 dNTP 直接进行 mRNA反转录与 PCR 扩增。由于发现 *Taq* 酶不仅具有 DNA 多聚酶的作用，而且具有反转录酶活性，因此可利用其双重作用在同一体系中直接以 mRNA 为模板进行反转录和其后的 PCR 扩增，从而使 mRNA 的 PCR 步骤更为简化，所需样品量减少到最低限度，对临床小样品的检测非常有利。用一步法扩增可检测出总 RNA 中小于 1ng 的低丰度 mRNA。该法还可用于低丰度 mRNA 的 cDNA 文库的构建及特异 cDNA 的克隆，并有可能与 *Taq* 酶的测序技术相组合，使得自动反转录、基因扩增与基因转录产物的测序在同一个试管中进行。

二、PCR 技术的应用

1983 年，Kary Mullis 发明出用于扩增目标 DNA 的研究工具，就是人们今天所熟知的 PCR 技术。从此以后，PCR 技术成为分子生物学研究必不可少的一部分，被广泛应用于基础研究、疾病诊断、农业检测和法医调查等领域。

1. 基因表达

通常可通过 PCR 来检测不同细胞类型、组织和生物体在特定时间点的基因表达差异。首先，从目标样品中分离出 RNA 并将 mRNA 逆转录成 cDNA。随后，通过由 PCR 扩增的 cDNA 数量，确定 mRNA 的初始水平。这一过程也被称为逆转录 PCR（RT-PCR）。

2. 基因分型

PCR 可用于检测特定细胞或生物体中等位基因的序列差异。例如，基因敲除和敲入小鼠等转基因生物的基因分型。引物对经设计位于目标区域侧翼，可根据是否存在扩增子及扩增子长度来检测遗传变异。但是如果为了检测特定核苷酸突变，则必须对扩增的序列进行进一步分析。例如，PCR 扩增子测序就是研究单核苷酸变异（SNVs）和单核苷酸多态性（SNP）的方法之一。强烈推荐使用高保真 DNA 聚合酶，以防止在 PCR 过程中引入多余的突变。通过 PCR 进行基因分型也是对癌症和遗传病中的突变进行遗传分析的一个基本方式。

3. 分子克隆

PCR 被广泛应用于目标 DNA 片段的克隆，该技术被称为 PCR 克隆。在直接 PCR 克隆中，DNA（如 gDNA、cDNA、质粒 DNA）的目标区域被扩增并插入到特殊设计的兼容载体中。除了制备插入片段，PCR 也是一种在克隆后筛选克隆是否携带目标插入片段的有效方法。引物经过设计，可以用于确定载体中插入片段是否存在和插入方向。

4. 突变

PCR 克隆的一大优点是能够通过克隆将所需突变引入目的基因中，以便进行突变研究。在定点突变中，经过设计的 PCR 引物可将碱基置换、删除或插入整合到特定序列中。随后，含有引入突变的 PCR 产物通过自我连接，重新生成环状质粒，并用于转化感受态细胞。

5. 甲基化

PCR 可用于研究位点特异性甲基化。在甲基化特异性 PCR（MSP）方法中，设计了两个引物对，以区分目标位点的甲基化状态。首先使用重亚硫酸盐处理 DNA 样品，将未甲基化的胞嘧啶（C）转化为尿嘧啶（U）。重亚硫酸盐处理不会影响甲基化的胞嘧啶（m5C）。为了检测甲基化位点，一对引物经设计带有鸟嘌呤（G），可与目标序列中的 m5C 配对；为了检测未甲基化位点，另一对引物带有腺嘌呤（A），可与重亚硫酸盐转化分子中的 U 配对，随后，与后续 PCR 循环中的胸腺嘧啶（T）配对。通过引物配对得到的阳性 PCR 扩增结果可用于确定位点的甲基化状态。甲基化研究中所使用的 DNA 聚合酶除了能够扩增富含 AT 的序列，还必须能够读取识别重亚硫酸盐处理后 DNA 中的 U 残基。而高保真 DNA 聚合酶含有来自古细菌起源的尿嘧啶结合域，所以不适用于 MSP（除非经过特殊修饰）。实时 PCR 可代替终点 PCR，为 MSP 提供更准确的甲基化定量分析。利用实时 PCR，对 PCR 扩增子的熔解曲线分析是检测目标位点甲基化状态的一种替代性 PCR 方法。

6. 测序

PCR 是为测序富集模板 DNA 的一种相对简单的方法。为保证 DNA 序列准确性，强烈建议使用高保真 PCR 来制备测序模板。在 Sanger 测序中，PCR 扩增片段经纯化并用于测序反应。使用常用的测序引物结合位点（如 M13 或 T7"通用引物"结合位点）对 PCR 引物的 5′末端进行标记，以简化测序工作流程。二代测序（NGS）中，PCR 被广泛用于构建 DNA 测序文库。在 NGS 文库制备中，DNA 样品通过 PCR 反应富集（在起始量有限的情况下）并使用衔接子以及用于多重检测的标签标记。除了具有高保真度，DNA 聚合酶还应具有最小的扩增偏好性，从而使测序文库具有高覆盖度。

7. 医学、法医学和应用科学

PCR 技术不仅可用于基础研究，还适用于日常的临床诊断、法医学调查和农业生物技术研究。这些应用要求可靠的性能、卓越的灵敏度和严格的标准。因此，所使用的 PCR 仪和 PCR 试剂必须符合这些要求。

分子诊断应用包括基因检测、致癌突变检测以及感染性疾病检测。在法医学中，利用 PCR 进行人类身份鉴定是通过对独特的短串联重复序列（STR）进行扩增而区分个体的。在农业学中，PCR 在食物病原体检测、育种植物基因分型和 GMO 测试中具有重要作用。

三、DNA 人工合成技术

DNA 的化学合成研究始于 20 世纪 50 年代。1952 年阐明核酸大分子是由许多核苷酸通过 3′,5′-磷酸二酯键连接起来的这个基本结构以后，化学家们便立即开始尝试核酸的人工合成。英国剑桥大学 Todd 实验室于 1958 年首先合成了具有 3′→5′磷酸二酯键结构的 TpT 和 pTpT，此后，Khorana 等人对基因的人工合成作出了划时代的贡献，不仅创建了基因合成的磷酸二酯法，而且发展了一系列有关核苷酸的糖上羟基、碱基的氨基和磷酸基的保护基及缩合剂和合成产物的分离、纯化方法。到目前为止，使用的 DNA 合成方法有磷酸三酯法、亚磷酸酯法及亚磷酸酰胺法，此后又发展了固相化技术，实现了 DNA 合成的自动化。

由于合成技术的迅速发展，具有特定顺序的核酸合成取得了丰硕的成果。1972 年 Khorana 等人合成了相当于酵母内丙氨酸 tRNA 结构基因的 DNA 双链，1979 年完成了包括启动和调节顺序在内的共有 207 个碱基对的大肠杆菌酪氨酸校正 tRNA 基因。一系列蛋白质的基因得到表达，如胰岛素、生长激素、α-和 β-干扰素、胸腺素和脑啡肽等。我国科学工作者于 1981 年完成了酵母丙氨酸 tRNA 的全合成，这是世界上第一个人工合成的具有全部生物活性的 RNA 分子。DNA 的人工合成正在分子生物学和医学等许多领域中发挥越来越多的作用。

DNA 合成是将核苷酸单体按 3′,5′-磷酸二酯键连接，使其具有天然的 DNA 分子的全部生物学活性和特定的排列顺序。由于核苷酸是一个多官能团的化合物，在连接反应中除了特定的基团会发生反应外，其他如核糖和磷酸羟基、碱基上的氨基等基团也会参加反应产生错接等，从而降低真正需要的产物的产率并且影响产物的分离纯化。因此，在 DNA 的化学合成中总是将暂时不需要的基团保护起来，并且在下一轮缩合反应之前将这些保护基有选择地除去，这样不断迅速形成专一的 3′→5′磷酸二酯键的特定核酸苷排列。

固相亚磷酸酰胺法是目前绝大部分 DNA 自动合成仪所使用的方法，原理是 DNA 通过固相亚磷酸酰胺三酯法合成：溶液中的亚磷酰胺单体通过缩合反应形成 3′,5′-磷酸二酯键，连接到固相载体（CPG 或树脂）上，并依次延伸，直到序列的最后一个 5′ 碱基连接上后合成结束（图 5-11）。整个合成过程由仪器自动完成，每个循环分为脱保护、活化、偶合、盖帽（封闭）、氧化五个步骤。

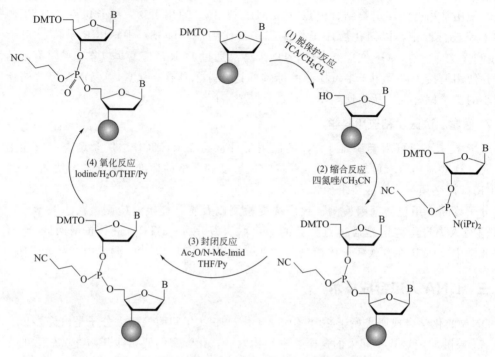

图 5-11　固相亚磷酸酰胺法合成 DNA 的原理

　　第一步：脱保护（deblocking），用三氯乙酸（TCA）去除 CPG 所连核苷上的 DMT 保护基团，暴露 5′ 羟基，供下一步缩合。

　　第二步：活化（activation），单体与催化剂四唑混合进入合成柱，四唑转移一个质子给 3′ 亚磷酸上二异丙胺基的 N 原子，质子化的氨是四唑亲核进攻的离去基团，二异丙酰胺被四唑取代，形成亚磷酰胺-四唑活性中间体。

　　第三步：偶合（coupling），亚磷酰胺-四唑中间体与 CPG 所连接的核苷酸的 5′ 羟基发生缩合反应，缩合脱掉四唑，形成延长一个碱基的核苷酸链。

　　第四步：盖帽（capping），少量（2%）未反应的载体上的核苷酸链的 5′ 羟基会在后续的循环中参加反应，生成少一个碱基的核苷酸链，因此需要在反应后进行封闭。常用乙酰化试剂与 5′ 羟基缩合成酯键，一般用混合乙酸酐和 N-甲基咪唑等作乙酰化试剂。

　　第五步：氧化（oxidation），偶合反应形成的三价亚磷酸酯键很不稳定，因此要用氧化剂——碘的四氢呋喃溶液将三价磷氧化成稳定的五价磷。

　　依此步骤循环，最终得到一个全长 DNA 片段粗品。用新鲜的浓氨水把粗品从载体上切割下来，采用适当的纯化方式去除短片段和氨基脱保护及氰乙基脱保护形成的盐离子。

项目六
构建含有外源基因的重组载体

学习目标

1. 知识目标

（1）了解限制性内切酶的分类和特征。

（2）掌握限制性内切酶命名原则。

（3）了解 DNA 连接酶的反应原理。

2. 技能目标

（1）能看懂质粒图谱，独立设计 DNA 双酶切和连接实验并实施。

（2）能独立分析 DNA 双酶切后的琼脂糖凝胶结果。

（3）能独立完成连接反应；能分析并找到 DNA 重组失败的原因。

（4）能区分实训中产生的"三废"，并进行正确处理。

3. 思政与职业素养目标

（1）了解我国第一代基因工程科学家的创业历史，认识我国科技进步背后的艰辛奋斗历程。

（2）了解我国基因工程发展史，树立以爱国主义为核心的民族精神。

项目简介

基因操作是在分子水平上，对遗传物质进行人工剪切、修饰和连接的过程，是在工具酶的催化下完成的。工具酶按功能可分为剪切酶类、连接酶类和修饰酶类等。工具酶是对野生菌株（或真核生物如酵母）进行改造、优化而产生的生物工程产品。在构建含有外源基因的重组载体这一步骤中，最常用到的工具酶是限制性核酸内切酶和 DNA 连接酶。在二十世纪六七十年代，经过分子生物学家的努力，DNA 连接酶、限制性内切酶和逆转录酶等工具酶被陆续发现。终于在 1973 年，科恩（Cohen）等人用 EcoR I 内切酶处理大肠杆菌的抗四环素和抗青霉素及磺胺的质粒，并连接成一个新的重组载体。重组子转化的成功标志着基因操作技术的诞生。

基因操作技术中，构建含有外源基因的重组载体这一操作又被称为 DNA 片段的体外重组。其实验过程主要分为三步，DNA 片段和载体的酶切，酶切产物胶回收纯化和连接。

项目引导

一、工具酶

1. 限制性核酸内切酶

限制性核酸内切酶是一类由细菌产生的能专一识别和切割双链 DNA 内部的特定碱基序列的核酸内切酶，简称限制性内切酶。主要分为Ⅰ、Ⅱ、Ⅲ类限制性内切酶。其中Ⅱ类限制性核酸内切酶的种类最多，也是基因操作技术中使用的限制性内切酶。通常它们能够识别 4～8 个 bp 长度的且具有回文结构的 DNA 片断，即这些 DNA 片段的 $5'$ 到 $3'$ 读取的序列与其互补链上按相同的 $5'$ 到 $3'$ 读取的序列一致。

限制性内切酶对 DNA 进行切割后会产生黏性末端或者平末端（图 6-1）。黏性末端指的是在 DNA 被限制性内切酶切割后，切口处含有几个核苷酸单链突出的末端，没有的核苷酸则为平末端。绝大多数限制性内切酶属于黏性末端酶。在不同的 DNA 双链连接反应中，两个黏性末端突出的碱基之间可以互相配对形成氢键，使得黏性末端的连接效率大大高于平末端。在同一个 DNA 分子内，通过两个相同的黏性末端可以使线性双链 DNA 连接成环形分子。

$EcoR$ Ⅰ　$5'$-G↓AATTC-$3'$　　　　$EcoR$ Ⅴ　$5'$-GAT↓ATC-$3'$
　　　　　$3'$-CTTAA↑G5$'$　　　　　　　　　$3'$-CTA↑TAG-$5'$

酶切后　$5'$-G　　　　AATTC-$3'$　　酶切后　$5'$-GAT　　　ATC-$3'$
　　　　$3'$-CTTAA　　　　G-$5'$　　　　　　$3'$-CTA　　　TAG-$5'$

Pst Ⅰ　$5'$-CTGCA↓G-$3'$　　　　　Sam Ⅰ　$5'$-GGG↓CGC-$3'$
　　　　$3'$-G↑ACGTC-$5'$　　　　　　　　　$3'$-CCC↑GGG-$5'$

酶切后　$5'$-CTGCA　　　G-$3'$　　酶切后　$5'$-GGG　　　CGC-$3'$
　　　　$3'$-G　　　ACGTC-$5'$　　　　　　$3'$-CCC　　　GGG-$5'$

黏性末端　　　　　　　　　　　　　平末端

图 6-1　限制性内切酶切割产生的平末端和黏性末端

在众多的限制性内切酶中有几类特殊的类型。第一种是同裂酶，即识别序列相同的两种限制性内切酶。同裂酶又可以分成两种类型，一种是同位酶（完全同裂酶），同位酶识别和切割的位点完全相同，例如 $Hind$ Ⅲ 和 Hsu Ⅰ；另一种识别位点序列相同，但是切点不同，即不完全同裂酶，例如 Xma Ⅰ 和 Sma Ⅰ。除此以外，还有一类酶识别的序列并不相同，但能切出相同的黏性末端，它们被称为同尾酶，例如 Bam HⅠ 和 Bgl Ⅱ、Bcl Ⅰ 和 Xho Ⅰ 等。同尾酶的黏性末端互相结合后形成的新位点，一般不能再被原来的酶识别（图 6-2）。

2. 限制性内切酶的命名规则

1973 年 H. O Smith 和 D. Nathans 提议的命名系统，命名原则如下（图 6-3）。

① 第一个字母是细菌属名的首字母，第二、三个字母是细菌种名的前两个字母，这些字母都要求斜体。比如：大肠杆菌（$Escherichia\ coli$）用 Eco 表示；流感嗜血菌（$Haemophilus\ influenzae$）用 Hin 表示。

② 用一个右下标的大写字母表示菌株或型。其菌株名称的第一个字母用正体，并放在

Hind Ⅲ　5′-A↓AGCTT-3′　　　　*Xma* Ⅰ　5′-C↓CCGGG-3′
　　　　3′-TTCGA↑A-5′　　　　　　　　3′-GGGCC↑C-5′

Hsu Ⅰ　5′-A↓AGCTT-3′　　　　*Sma* Ⅰ　5′-CCC↓GGG-3′
　　　　3′-TTCGA↑A-5′　　　　　　　　3′-GGG↑CCC-5′

　　　　同位酶　　　　　　　　　　　　　不完全同裂酶

同裂酶

*Bam*H Ⅰ　5′-G↓GATCC-3′　　　　*Bgl* Ⅱ　5′-A↓GATCT-3′
　　　　3′-CCTAG↑G-5′　　　　　　　　3′-TCTAG↑A-5′

酶切后　　5′-G　　　　　　　酶切后　　　　　GATCT-3′
　　　　3′-CCTAG　　　　　　　　　　　　　　A-5′

连接后　　　　　　　5′-GGATCT-3′
　　　　　　　　　3′-TCTAGA-5′

图 6-2　同尾酶的黏性末端互相结合后形成的新位点

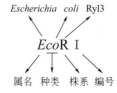

图 6-3　限制性内切酶命名规则（以 *Eco*R Ⅰ 示例）

第三个字母后面。如 *Eco*K，*Eco*R（现在都写成平行，如 *Eco*R Ⅰ）。

③ 如果一种特殊的寄主菌内有几种不同的限制与修复系统，用罗马数字表示。如 *Eco*R Ⅰ，*Eco*R Ⅴ。

3. 酶切操作注意事项

为了提高体外重组成功率，在酶切操作阶段应该注意以下几点。

① 酶切位点选取产生黏性末端的限制性内切酶。

② 注意反应温度。大多数限制性内切酶的最适反应温度为 37℃。也有常用的限制性内切酶反应温度为 30℃，比如 *Bam*H Ⅰ。表 6-1 显示的是一些限制性内切酶最适反应温度。

表 6-1　限制性内切酶最适反应温度

酶	最适反应温度/℃	酶	最适反应温度/℃	酶	最适反应温度/℃
Apa Ⅰ	30	*Apy* Ⅰ	30	*Bam*H Ⅰ	30
Ban Ⅰ	50	*Bcl* Ⅰ	50	*Bst*E Ⅱ	60
Mae Ⅰ	45	*Mae* Ⅱ	50	*Mae* Ⅲ	55
Sma Ⅰ	25	*Taq* Ⅰ	65		

③ 反应缓冲液。一般使用黏性末端酶，限制性内切酶的识别和酶切活性一般在一定的温度、离子强度、pH 等条件下才表现最佳切割能力和位点的专一性，因此酶切反应一般使用专一的反应缓冲液。具体缓冲液的选择需要参照限制性内切酶的产品说明书。

④ 注意防止限制性内切酶的星活性。星活性指的是在非标准情况下，在非标准的反应条件下，限制性内切酶出现切割与识别位点相似但不完全相同的序列，从而影响酶的专一性

和切割效率。以 $EcoR$ I 为例，正常情况下其识别位点序列是 GAATTC，但在低盐、高 pH（＞8）时可识别和切割 GAATTA、AAATTC、GAGTTC 等相似序列。

造成星活性的原因有很多，主要包括：较高的甘油浓度（＞5％，体积分数）；酶与底物 DNA 比例过高（不同的酶情况不同，通常为＞100U/μg）；低盐浓度（＜25mmol/L），高 pH（＞pH 8.0）；存在有机溶剂，如 DMSO、乙醇、乙烯乙二醇、二甲基乙酰胺、二甲基甲酰胺等；用其他二价离子替代镁离子（如 Mn^{2+}、Cu^{2+}、Co^{2+}、Zn^{2+} 等）。

对应的抑制星活性的方法：尽量用较少的酶进行完全消化反应，这样可以避免过度消化以及过高的甘油浓度；尽量避免有机溶剂（如制备 DNA 时引入的乙醇）的污染；将离子浓度提高到 100～150mmol/L（若酶活性不受离子强度影响）；将反应缓冲液的 pH 降到 7.0；二价离子用 Mg^{2+}。对于不同的限制性内切酶，反应条件有差异，一般厂家生产的限制性内切酶都做过相关检测，在正确操作情况下，可以不考虑星活性问题。若出现底物 DNA 不好切断时，可以增加酶量或者延长反应时间，对于易产生星活性的限制性内切酶，应优先考虑增加酶量，而不是延长反应时间，以防止星活性干扰。

⑤ 使用双酶切反应。只使用一种限制性内切酶对目的片段和载体进行切割的酶切反应叫做单酶切反应，使用两种限制性内切酶的方法即为双酶切反应。操作中，单酶切反应无法控制外源基因的插入方向，且质粒片段容易出现自连环化等问题，降低了重组成功率。双酶切反应可以避免这些问题。由于同时使用了两种限制性内切酶对 DNA 进行切割，因此会在目的片段和载体上留下两个不同的黏性末端，不仅可以防止单酶切时的载体自连反应，还保证了目的片段插入载体 DNA 的顺序，提高重组成功率。在使用双酶切反应体系时，应该严格参考限制性内切酶的产品反应缓冲液说明书和双酶切缓冲液表，选择可以同时满足两种限制性内切酶要求的最适反应缓冲液。如果没有合适的双酶切共用缓冲液，即反应条件不一致时，应按如下操作：温度不一致时，先使用反应温度低的酶，再使用反应温度高的酶；盐浓度不一致时，先用需要在低盐条件下反应的限制性内切酶来切割，然后提高盐浓度以完成第二次切割。根据两种酶的条件按顺序进行分步酶切反应，酶切完一种后进行胶回收再切另一个。

4. DNA 连接酶

DNA 连接酶是一种封闭 DNA 链上切口的酶，借助 ATP 或 NAD 水解提供的能量催化 DNA 链的 $5'$-PO_4 与另一 DNA 链的 $3'$-OH 生成磷酸二酯键（图 6-4）。其中较常用的大肠杆

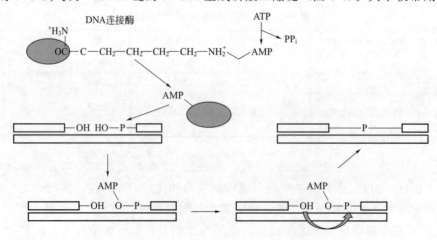

图 6-4 DNA 连接酶的连接反应原理

菌连接酶只能连接黏性末端；T4噬菌体的连接酶既能连接黏性末端，亦能连接平末端。除此以外DNA连接酶还具有修补带缺口的双链DNA分子的作用。DNA连接酶发挥活性有三个必须条件：①必须是两条双链DNA；②DNA3′端有游离的—OH；5′端有一个磷酸基团（—PO₄）；③需要能量，在动物和噬菌体中供能物质为ATP，在大肠杆菌中是NAD⁺。

DNA连接酶的连接反应，大致可分为五步：①由ATP（或NAD⁺）提供激活的AMP；②ATP与连接酶形成共价"连接酶-AMP"复合物，并释放出焦磷酸PP$_i$；③AMP与连接酶的赖氨酸e-氨基相连；④AMP随后从连接酶的赖氨酸e-氨基转移到DNA一条链的5′端的磷原子上，形成"DNA-腺苷酸"复合物；⑤3′-OH对磷原子作亲核攻击，形成磷酸二酯键，释放出AMP（图6-5）。

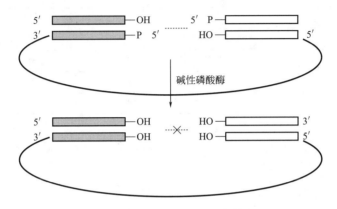

图6-5　碱性磷酸酶处理阻止载体自连

5. 碱性磷酸酶

碱性磷酸酶能够催化水解去除DNA或RNA5′端的磷酸基团。用途：①制备载体时，用碱性磷酸酶处理去除载体分子5′端的磷酸基后，可防止载体自身环化连接，提高重组效率，这一特性经常被用在单酶切反应中（图6-5）；②可用于对DNA进行放射性同位素标记，用³²P标记5′端前，去除5′-P，再通过激酶作用把放射性核苷酸加到5′端进行标记。

6. DNA聚合酶

在基因操作技术中，DNA聚合酶最常用于PCR反应，但在构建重组载体过程中也有应用。DNA聚合酶的主要功能是把dNTP连续地加到引物的3′-OH端，发挥聚合酶活性也必须符合一定条件：除了需要模板DNA链、反应底物dNTP和Mg²⁺以外，还要求有一条与模板链互补的引物DNA链，且引物3′端必须是游离的-OH，形成如下结构（图6-6）。

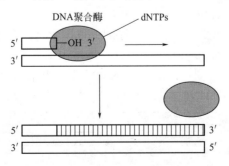

图6-6　DNA聚合酶的聚合酶活性

除此以外，不同种类的 DNA 聚合酶具有不同的 DNA 外切酶活性（表 6-2）。以 DNA 聚合酶Ⅰ为例，该酶可以用来催化 DNA 切口平移反应，制备高比活性的 DNA 探针，此方法被叫作切口转移法（nick translation），其原理如图 6-7 所示。核酸探针指的是能够同某种被研究的核酸序列特异性结合的，带有标记的寡聚核酸分子。在此例中核酸探针是被放射性同位素^{32}P 进行标记的。

表 6-2 常用 DNA 聚合酶特性比较

DNA 聚合酶	$3'→5'$ 外切酶活性	$5'→3'$ 外切酶活性	聚合速率	持续能力
大肠杆菌 DNA 聚合酶	低	有	中	低
Klenow 片段	低	无	中	低
T4 DNA 聚合酶	高	无	中	低
T7 DNA 聚合酶	高	无	快	高
遗传修饰 T7DNA 聚合酶	无	无	快	高
Taq DNA 聚合酶	无	有	快	高
逆转录酶	无	无	低	中

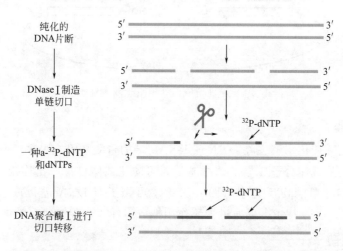

图 6-7 利用 DNA PolⅠ的 $5'→3'$ 外切酶活性进行切口转移

7. 逆转录酶

逆转录酶是一种依赖 RNA 的 DNA 聚合酶（以 RNA 为模板指导的 DNA 聚合酶）。主要有来自禽类成髓细胞瘤病毒（AMV）和来自鼠类白血病病毒（MMLV）的反转录酶。其主要作用是以 oligo(dT) 为引物（与 mRNA 的 polyA 尾巴互补结合）合成 cDNA。由于在基因操作技术中，表达的真核生物的蛋白质序列一般不含有内含子，所以要想获得不含内含子的基因编码序列（coding sequence，CDS），一般使用真核生物的 mRNA 序列为模板，而不是使用真核生物的基因组序列，因此逆转录酶在基因操作技术中也经常使用（图 6-8）。此外，逆转录酶也具有 RNaseH 活性，即可以 $5'→3'$ 或 $3'→5'$ 方向特异性地水解 RNA-DNA

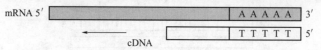

图 6-8 逆转录酶以 oligo(dT) 为引物合成 cDNA 链

杂交双链中的 RNA 链（表 6-3）。

表 6-3　逆转录酶特性比较

酶类别	肽链（分子量）	$5'{\rightarrow}3'$聚合活性	RNaseH 活性
AMV	2 条(α:62000,β:94000)	有	强
MMLV	1 条(84000)	有	弱

8. 多核苷酸激酶

多核苷酸激酶作用是将 DNA $5'$-OH 端磷酸化或标记 DNA 的 $5'$端（图 6-9）。基因操作技术中常用 T4 多核苷酸激酶。与碱性磷酸酶的效果相反。多核苷酸激酶可以用于 DNA $5'$端的标记，也可用于辅助化学合成的 DNA 片段重组到载体 DNA 中。

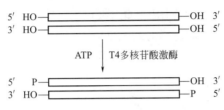

图 6-9　多核苷酸激酶磷酸化 DNA 链 $5'$端

9. 核酸外切酶

和限制性内切酶不同，核酸外切酶是一类从多核苷酸链的一端开始催化降解核苷酸的酶（图 6-10）。部分 DNA 聚合酶具有核酸外切酶活性如表 6-4 所示，DNA 外切酶切割方式有切割 DNA 单链和 DNA 双链两种，DNA 切割方向有 $5'{\rightarrow}3'$和 $3'{\rightarrow}5$ 两个方向，DNA 识别位点有 $3'$-OH，$5'$-OH，$5'$-P 和 $3'$-P 四种类型。

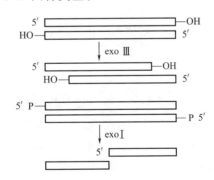

图 6-10　核酸外切酶原理示意图

表 6-4　常用核酸外切酶

切割方式	DNA 外切酶	切割方向	识别位点
单链	大肠杆菌核酸外切酶Ⅰ(exo Ⅰ)	$5'{\rightarrow}3'$	$5'$-OH
	大肠杆菌核酸外切酶Ⅶ(exo Ⅶ)	$5'{\rightarrow}3',3'{\rightarrow}5'$	$5'$-P,$3'$-OH
双链	核酸外切酶Ⅲ(exo Ⅲ)	$3'{\rightarrow}5'$	$3'$-OH
	核酸外切酶Ⅰ(exo Ⅰ)	$5'{\rightarrow}3'$	$5'$-P
	T7 基因 6 核酸外切酶	$5'{\rightarrow}3'$	$5'$-P,$5'$-OH

二、提高重组率的方法

构建含有外源基因的重组载体主要分为三步操作，载体和目的 DNA 的酶切，胶回收和连接。为提高外源基因片段和载体的重组效率，在操作时应注意以下几点。

① 限制性核酸内切酶的选择应满足两个条件。a. 选择质粒上多克隆位点区域内存在的酶切位点。多克隆位点（MCS）是载体上的一个人工合成的 DNA 片段，其上含有多个单一酶切位点，是外源 DNA 的插入部位。b. 不能选取目的 DNA 片段内部存在的酶切位点（不含片段两端）。如果 DNA 片段内部有使用的限制性内切酶的对应位点，会在酶切反应中错误切断目的 DNA 片段。

② 通过设计引物，在利用 PCR 反应扩增目的基因的同时，在目的片段两端引入酶切位点。

③ 使用黏性末端酶进行酶切反应。

④ 使用双酶切反应，避免重组子中出现自身环化质粒和插入 DNA 片段顺序错误的情况。

⑤ 连接反应阶段，加大外源基因片段与载体的比例，保持体系中 DNA 片段和质粒分子的物质的量比例为（3∶1）～（10∶1）。DNA 片段长度越长，这一比例应该越高。

项目实施

【拟定计划】

① 根据参考方法或客户需求填写作业流程单（详见《项目学习工作手册》），列出操作要求。

② 按照实训中心给定的条件，合理划分工作阶段、小组工作任务和个人工作任务，填写工作计划及任务分工表（详见《项目学习工作手册》），报给主管（或教师）备案。

【材料准备】

全班讨论各个小组的方案，深入理解原理，按照选择的方案的需要，选择最佳方案，修订作用程序，填写材料申领单（详见《项目学习工作手册》）。

【任务实施】

任务一　DNA 片段和质粒的双酶切

① DNA 片段内酶切位点分析：打开 primer premier 5 软件，输入目的 DNA 片段序列，点击 Enzyme 选项，在弹出窗口中选中需要分析的限制性内切酶，点击确定，即可以在新弹出窗口中检查目的 DNA 片段内部是否存在所使用的限制性内切酶的酶切位点。只有没有该酶切位点时，才可以继续酶切实验（图 6-11～图 6-13）。

限制性内切
酶消化 DNA

② 酶切前使用紫外分光光度计测定目的 DNA 片段和载体的浓度（参考项目三）。

③ 分别在两个 1.5mL 离心管中配制 DNA 片段和载体 DNA 20μL 酶切体系：

试剂	使用量
10×缓冲液	2μL
DNA 片段或质粒	10μL

续表

试剂	使用量
$Xho\ \mathrm{I}$	$1\mu L$
$Eco\mathrm{R}\ \mathrm{I}$	$1\mu L$
ddH_2O	$6\mu L$
总体积	$20\mu L$

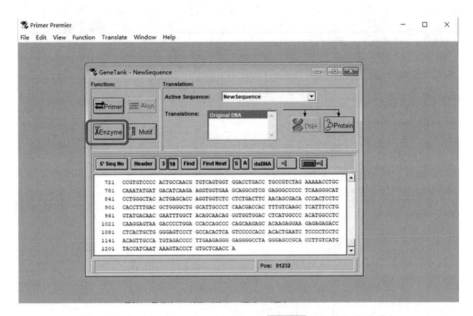

图 6-11　输入插入目的片段序列，点Enzyme进行酶切位点分析

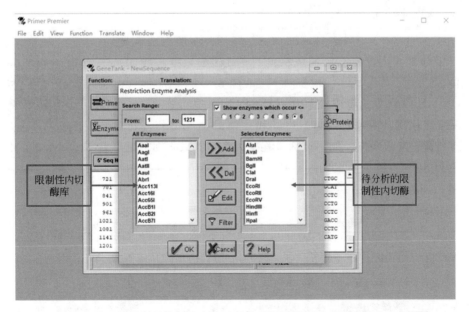

图 6-12　从左侧限制性内切酶库中选择待分析的限制性内切酶位点，点OK

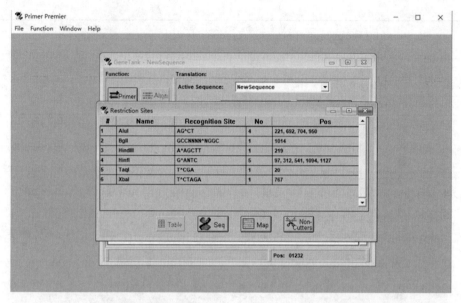

图 6-13   在 Table 和 Non-Cutter 选项中分别查看目的 DNA 片段的酶切位点

④ 加入以上试剂，之后混匀，用封口胶封口。反应体系中的 DNA 总量最好不超过 1μg。将 1.5mL 离心管放入金属浴或水浴锅当中，37℃酶切 2.5h 左右。

⑤ 酶切完成后，添加终浓度为 10mmol/L EDTA 处理终止反应。或进行加热终止反应：对于 37℃反应的酶，65℃水浴加热 20min；对于其他酶可以使用 80℃水浴加热 20min。不适用于加热终止反应的酶有 Bgl Ⅱ，Hpa Ⅰ，Pvu Ⅱ，Tsp R Ⅰ，Bcl Ⅰ 等。酶切完成的 DNA 可直接进行胶回收操作，也可暂时保存在－20℃。

任务二   酶切产物的胶回收

详细步骤见项目五。

任务三   DNA 片段和载体 DNA 的连接

① 使用分光光度计检测胶回收后的目的 DNA 片段和载体 DNA 的浓度。

② DNA 片段物质的量应控制在载体 DNA 物质的量的 3～ 10 倍。按照此比例计算目的 DNA 片段和载体的加样体积。在 1.5mL 离心管中按顺序加入如下试剂，连接体系（20μL）如下：

质粒与外源基因的连接

试剂	使用量
双蒸水	8μL
10×缓冲液	2μL
DNA 片段	6μL
载体	2μL
T4 DNA 连接酶	2μL
总体积	20μL

③ 加完之后混匀，短时离心，用封口胶封口。

④ 将 1.5mL 离心管放入金属浴中，16℃连接过夜，然后进行后续转化实验或于－20℃保存。

注意，平末端的载体与 DNA 片段进行连接时，应首先将载体进行去磷酸化处理，防止其自身环化。

【任务记录】

按照作业程序完成工作任务，填写过程记录表及结果记录表（详见《项目学习工作手册》）。

【项目交付】

根据客户的订单，核对订单号，仔细检查标签，邮箱地址和交货地址，填写客户交货单（详见《项目学习工作手册》），完成交货流程。

复盘提升

复盘自己的操作流程，分析失败或成功原因，填写注意事项（详见《项目学习工作手册》）。

项目拓展

一、cDNA 末端快速扩增技术

目前，全长基因的获得是生物工程及分子生物学研究的一个重点。尽管已经有多种方法可以获得基因的全长序列，但在很多生物研究中，由于所研究的目的基因丰度较低，从而使得由低丰度 mRNA 通过反转录获得全长 cDNA 很困难。cDNA 末端快速扩增（rapid amplification of cDNA ends，RACE）技术是一种基于 mRNA 反转录和 PCR 技术建立起来的，以部分的已知区域序列为起点，扩增基因转录本的未知区域，从而获得 mRNA（cDNA）完整序列的方法。简单地说就是一种从低丰度转录本中快速增长 cDNA 5′和 cDNA 3′末端，进而获得全长 cDNA 的简单而有效的方法，该方法具有快捷、方便、高效等

RACE 技术

优点，可同时获得多个转录本。因此近年来 RACE 技术已逐渐取代了经典的 cDNA 文库筛选技术，成为克隆全长 cDNA 序列的常用手段。

1. RACE 的原理

RACE 是采用 PCR 技术由已知的部分 cDNA 顺序来扩增出完整 cDNA5′和 3′末端，是一种简便而有效的方法，又被称为锚定 PCR（anchored PCR）和单边 PCR（one side PCR）。

① 3′RACE 的原理

a. 加入 oligo(dT)17 和反转录酶对 mRNA 进行反转录得到（－)cDNA；

b. 以 oligo(dT)17 和一个 35bp 的接头为引物，其中在引物的接头中有一个在基因组 DNA 中罕见的限制性内切酶的酶切位点。这样就在未知 cDNA 末端接上了一段特殊的接头序列。再用一个基因特异性引物（3′amp）与少量第一链（－)cDNA 进行退火并延伸，产

生互补的第二链（＋）cDNA；

　　c. 利用 3′amp 和接头引物进行 PCR 循环即可扩增得到 cDNA 双链。扩增的特异性取决于 3′amp 的碱基只与目的 cDNA 分子互补，而用接头引物来取代 oligo(dT)17-接头则可阻止长（dT）碱基引起的错配（图 6-14）。

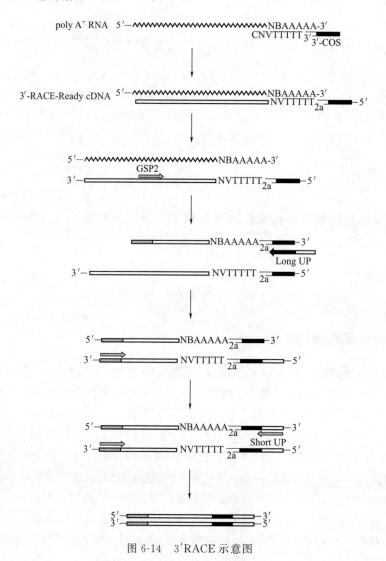

图 6-14　3′RACE 示意图

　　② 5′RACE 的原理

　　5′RACE 与 3′RACE 略有不同。首先，引物多设计了一个用于逆转录的基因特异引物 GSP-RT；其次，在酶促反应中增加了逆转录和加尾步骤，即先用 GSP-RT 逆转录 mRNA 获得第一链（-）cDNA 后，以及用脱氧核糖核酸末端转移酶和 dATP 在 cDNA5′端加 poly（A）尾，再用锚定引物合成第二链（＋）cDNA，接下来与 3′RACE 过程相同。用接头引物和位于延伸引物上游的基因特异性引物（5′amp）进行 PCR 扩增（图 6-15）。

　　2. 全长 cDNA 的获得

　　通过 RACE 方法获得的双链 cDNA 可用限制性内切酶酶切和进行 Southern 印迹分析并克隆。通常的克隆方法是同时使用一个切点位于接头序列上的限制性内切酶和一个切点位于

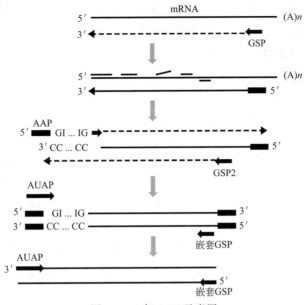

图 6-15　5′RACE 示意图

扩增区域内的限制性内切酶。由于大多数非特异性扩增的 cDNA 产物不能被后一个限制性内切酶酶切，因而也就不会被克隆，从而增加了克隆的选择效率。还可以用在基因特异性引物的 5′端掺入一个限制性内切酶的酶切位点的方法来克隆。最后，从两个有相互重叠序列的 3′和 5′RACE 产物中获得全长 cDNA。或者通过分析 RACE 产物的 3′和 5′端序列，合成相应引物来扩增 mRNA 的反转录产物，从而获得全长 cDNA。

3. RACE 的应用

RACE 技术主要是应用于对全长 cDNA 序列的获得，但对该技术进行一定的修改后，也可在其他方面显示出极高的应用价值。首先，RACE 技术可用于 cDNA 文库的构建及筛选。其次，应用 RACE 可克隆已知片段的旁侧内部序列。RACE 可用于克隆同源基因的同源片段，为寻找同源基因提供了一种手段。除此之外，RACE 技术还可与生物信息学，例如表达序列标签（EST）库相结合，具有快速、高效克隆新基因的特点，为快速钓取基因家族候选新成员提供新思路。总之，随着 RACE 技术的不断改进和完善，优化 PCR 扩增的条件以提高扩增的效率和准确性，RACE 技术必将在基因克隆以及基因家族和基因表达变化等研究中发挥极大的作用。

4. RACE 的优点和局限性

RACE 技术相对于其他方法克隆全长 cDNA 来说具有价廉、简单和快速等特点。用 RACE 获得 cDNA 克隆只需几天的时间，而且对丰度很低的起始反应物质，照样能迅速反馈是否有目的产物生成。因此，可根据不同的 RNA 制备来修订反转录条件，以满足全长 cDNA 的获得。同时，通过 RACE 技术获得 5′端调控序列和多聚腺苷化信号序列的信息，有助于选择引物以用于在转录模型非常复杂的基因中扩增 cDNA 的亚群。另外，RACE 技术能产生大量独立克隆，这些克隆可用来证实核苷酸序列，并使得被选择性剪接或开始用于很少使用的启动子的特殊转录物的分离成为可能。

尽管 RACE 技术在应用中取得了很大的成功. 但在实际操作过程中仍有不少局限性。一般来说导致失败的原因主要有两个：第一，在逆转录、TdT 加尾、PCR 扩增这三个连续的酶促反应过程中，任何一步的失败都会导致前功尽弃；第二，即便是上述反应平稳顺利，但结果也通常会出现一些非特异性产物或非全长的产物。因此，要保证 RACE 技术的顺利进行，还需从不同方面进行改良优化。

二、一步法克隆

一步法克隆又称无缝克隆（seamless cloning/in-fusion cloning），是近年来逐渐发展起来的快速克隆方法。传统的克隆方法主要有两种：一种是 PCR 引物设计时引入载体上的酶切位点，PCR 产物经双酶切后定向克隆到目的载体上；另一种是 TA 载体连接。这两种方法费时费力，过程繁冗。一步法克隆是一种新颖、快速、简洁的克隆方法，区别于传统 PCR 产物克隆，一步法克隆在实验设计时，保证了载体末端和引物末端应具有 15～20 个同源碱基，由此得到的 PCR 产物两端便分别带上了 15～20 个与载体序列同源的碱基，依靠碱基间作用力互补配对连接，无需酶连反应即可直接用于转化宿主菌，进入宿主菌中的线性质粒（环状）依靠自身酶系统将切口修复（图 6-16）。同时一步法克隆还可以用于快速长片段克隆，其思路是将长片段分成若干短片段，在设计引物时保证片段连接部分序列重叠，然后使用一步法克隆进行重组，即多片段一步法克隆（图 6-17）。一步法克隆技术突破传统的双酶切再加上连接，只需要一步重组法，即可得到高效率克隆的重组载体。总的来说，一步法克隆具有以下优点：位点选择灵活，可在载体任意位置进行基因克隆；快速简便，省略酶切、割胶回收、酶连等过程，大约 1h 完成载体构建；精确，不需要增加任何额外的程序；克隆效率高，阳性克隆高达 90％以上；一次进行多片段目的基因的重组。

目前市面上一步法克隆产品都已经非常成熟，常见的有 Invitrogen 公司的 Gateway 系列产品，Gibson 公司的 Assembly Cloning Kit，NEB 公司的 The OneTaq One-Step RT-PCR Kit 等，国产的诸如天根生物的 EasyGeno 快速重组克隆试剂盒，Vazyme Biotech 公司的 ClonExpress TM II 等产品。各公司的产品在使用时都会略有差异，但是大致原理是一致的，一步法克隆的流程图如图 6-16 所示。

1. 引物设计

一步法克隆的核心在于引物的设计，其引物设计总原则：通过在引物 5′端引入线性化克隆载体末端同源序列，使得插入片段扩增产物 5′和 3′最末端分别带有和线性化克隆载体两末端对应的完全一致的序列（15～20bp）。进行多个片段克隆的引物设计原则：载体两端的引物设计原则与进行单个 PCR 产物克隆时的设计原则相同，片段之间重叠区域引物设计原则如图 6-18 所示，片段 1 的反向引物和片段 2 的正向引物有 15～25bp 的重叠区域，片段 1 的反向引物包括重叠区域 A 和反向的特异引物区域，片段 2 的正向引物包括重叠区域 A 和正向的特异引物区域，以此类推。

2. 操作过程

① 插入片段引物设计　具体方法参考前述。在国内可以使用天根生化科技（北京）有限公司的 EasyGeno Primer 引物设计工具，进行单片段和多片段定向构建进入载体时的目的 DNA 片段的 PCR 扩增引物设计。

② 使用设计好的引物进行目的 DNA 片段的 PCR 扩增　对插入片段进行扩增，扩增模板为基因组。取少量扩增产物进行琼脂糖电泳检测，产物扩增特异且条带单一则可继续操作。

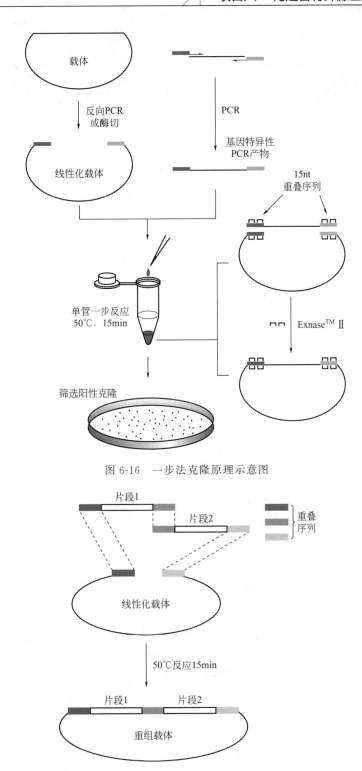

图 6-16　一步法克隆原理示意图

图 6-17　多片段一步法克隆示意图

③ 采用酶切法或者反向 PCR 扩增方法将载体线性化　将 $2\mu g$ 环状 pUC19 质粒加入 $20\mu L$ 酶切反应体系中，$37℃$ 酶切 2h。限制性内切酶使用量为 $EcoR\ I$ 和 $Hind\ III$ 各 $1\mu L$。酶切完成后，将酶切产物置于 $65℃$ 加热 20min，使内切酶失活。

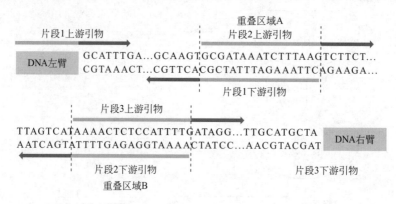

图 6-18   多片段一步法克隆片段间重叠区域引物设计示意图

④ 反应体系配制及反应   在配制反应体系前应使用微量分光光度计测量目的 DNA 片段和线性化载体的浓度，然后配制反应体系（20μL）如下：

试剂	使用量
缓冲液	4μL
线性化载体	50～200ng
PCR 片段	20～200ng
双蒸水	至 20μL

最适克隆载体与插入片段物质的量之比为 1∶2。这些物质的量对应的 DNA 质量可由以下公式粗略计算获得：

最适克隆载体使用量＝[0.02×克隆载体碱基对数]ng(0.03pmol)

最适插入片段使用量＝[0.04×插入片段碱基对数]ng(0.06pmol)

体系配制完成后，用移液器上下轻轻吹打几次混匀各组分，避免产生气泡（请勿剧烈振荡或者涡旋混匀）。置于 37℃反应 30min。待反应完成后，立即将反应管置于冰水浴中冷却 5min 之后，反应产物可直接进行转化；也可储存于－20℃，待需要时解冻转化。

⑤ 克隆产物用于直接转化宿主菌，涂平板挑选出阳性克隆子。

3. 注意事项

① 通过限制性内切酶酶切制备线性化载体   想要成功实现一步法克隆反应，必须首先获得线性化载体。线性化载体可以通过限制性内切酶酶切处理（单酶切或者双酶切）或者 PCR 扩增获得。由于酶切效率不同，不同的限制性内切酶会引起不同程度的背景。一般来讲，双酶切比单酶切更有利。酶切位点之间离得越远酶切效率就越好。另外，延长酶切时间和扩大酶切反应体系可以降低背景。

② 引物设计原则   引物退火温度（T_m）一般为 58～65℃，如果 T_m 过低，可以适当延长引物基因特异性部分直到 T_m 达到要求。尽量选择无重复序列，且 GC 含量比较均匀的区域进行克隆。当克隆位点上下游 20bp 区域内 GC 含量均在 40%～60%时，克隆效率将达到最大。正向引物和反向引物的 T_m 值差别应≤4℃。

③ 反应体系中 DNA 的量不应过多，也不要太少。对于大多数 DNA 聚合酶，100pg/ng 质粒 DNA 通常足够作为 PCR 模板的用量。

项目七

重组载体转化大肠杆菌

学习目标

1. 知识目标

（1）了解什么是感受态细胞，感受态细胞的特点。

（2）掌握常见的转化方法。

（3）熟悉蓝白斑筛选的原理。

（4）掌握重组载体转化大肠杆菌的原理。

2. 技能目标

（1）能根据客户要求，选择合适的方法进行重组载体的转化并实施。

（2）能独立制备感受态细胞并进行转化。

（3）能挑选合适的转化子菌落并鉴定转化子。

（4）能区分实训中产生的"三废"，并进行正确处理。

3. 思政与职业素养目标

（1）了解"转基因生物"的构建过程，能以理性客观的态度认识"转基因生物"的安全性问题。

（2）面对媒体及他人关于"转基因生物"安全性的讨论及不同观点，能够运用自己的知识进行辨析，形成客观公正评价的能力。

（3）敬畏生命，尊重生命，关爱生命。

项目简介

分子克隆中用人工的方法将重组载体 DNA 导入受体细胞，使携带有重组载体的大肠杆菌获得在抗生素平板上生长的能力，从而与不携带重组载体的细菌区分开来，这个过程就是转化。

转化是一种遗传转移方式，在自然界中普遍存在，1928 年由 Griffith 首次在肺炎双球菌（*diplococcus pneumoniae*）中发现，即来自一个细菌细胞（供体）的 DNA（片段）被另一个细胞（受体）所吸收，并在受体细胞中生存下来的一种遗传物质转移方式。对 DNA 的吸收，一般发生在受体生长周期中的一个短暂阶段。细胞处于能够吸收 DNA 的状态称作感受态（competence），处于感受态的细胞称作感受态细胞（competent cell）。经转化获得外源遗传物质的细胞称转化子（transformant）。感受态的建立似乎涉及某些胞内蛋白质的合成，如肺炎链球菌产生的感受态因子能从感受态细胞传递到同一菌株的非感受态细胞，而枯草芽孢杆菌（*Bacillus subtilis*）的感受态因子似乎不能从感受态细胞传递到非感受态细胞。感受态因子可能是一种自溶酶，它能够产生或暴露结合 DNA 的受体位点。在肺炎链球菌和流感嗜血杆菌中，最佳时期感受态细胞的比例可达 100%。在枯草芽孢杆菌中感受态细胞的比例似乎不超过 15%。而在大肠杆菌中还没有发现明确的与感受态有关的遗传因子，因此大肠杆菌的感受态需要经过物理或化学的诱导才能产生。

将重组载体转化进受体细菌时，需诱导受体细菌产生一种短暂的感受态以摄取外源 DNA。大肠杆菌细胞经过一些特殊方法（电击法、$CaCl_2$ 等化学试剂法）的处理后，细胞膜的通透性发生了暂时性的改变，成为能允许外源 DNA 分子进入的细胞即感受态细胞。在短暂的热冲击（如 42℃）或者短时高击电压下，细胞可吸收外源 DNA。

为了鉴定这些转化子，须利用质粒编码的筛选标记，这些标记赋予细菌新的表型，通过这些表型可以很容易筛选出成功转化的细菌。例如 pET32a 质粒带有氨苄青霉素抗性基因（amp^r），其重组体转化的大肠杆菌能够在含氨苄青霉素的培养基上生长，而未转化的受体菌则不能在含氨苄青霉素的培养基上生长。转化可实现重组克隆的增殖，便于后续分子操作，是微生物遗传、分子遗传、基因操作技术等研究领域的基本实验技术。

🖐 项目引导

一、感受态细胞

1. 感受态细胞的概念

用一些特殊方法（电击法、$CaCl_2$ 等化学试剂法）处理诱导细胞，使其处于最适摄取和容纳外来 DNA 的生理状态，经特殊处理后处于此状态的细胞为感受态细胞。

2. 感受态细胞的特点

感受态细胞表面暴露出一些可接受外来 DNA 的位点（用溶菌酶处理，可促使受体细胞的接受位点充分暴露）；感受态细胞比非感受态细胞膜通透性高（用钙离子处理，可使膜通透性增加，使 DNA 直接穿过质膜进入细胞）；受体细胞的修饰酶活性最高，而限制性内切酶活性最低，使转入的 DNA 分子不易被切除或破坏。

3. 感受态细胞的制备方法

$CaCl_2$ 法，0.1mol/L $CaCl_2$ 是一种低渗溶液，在 0℃ 低温处理大肠杆菌细胞时，细胞膨胀成球形，同时，Ca^{2+} 会使细胞膜磷脂双分子层形成液晶结构，促使细胞外膜与内膜间隙中的部分核酸酶解离，离开所在区域，诱导细胞成为感受态细胞。

二、转化方法

重组 DNA 分子体外构建完成后，必须导入特定的宿主（受体）细胞，使之无性繁殖并高效表达外源基因或直接改变宿主遗传性状，这个导入过程及操作统称为重组 DNA 分子的转化。重组载体转化大肠杆菌的方法一般是电转化法和热激法两种。

1. 电转化法

该方法是利用瞬间高压在细胞上打孔，因而需用冰冷的超纯水多次洗涤处于对数生长前期的细胞，以使细胞悬浮液中含有尽量少的导电离子。转化效率为每微克 DNA 可转化

$10^9 \sim 10^{10}$ 转化子。

2. 热激法

该法最先是由 Cohen 于 1972 年发现的。其原理是利用冰冷的低渗溶液的 $CaCl_2$ 处理对数生长期的细胞,在冰冷的低渗溶液中,细菌细胞膨胀成球形,转化混合物中的 DNA 形成抗 DNase(DNA 酶)的羟基-钙磷酸复合物黏附于细胞表面,在短暂的热冲击(如 42℃)下,细胞可吸收外源 DNA。在丰富培养基上生长数小时后,球状细胞复原并分裂增殖。被转化的细菌中,重组子中基因得到表达,在选择性培养基平板上,可筛选出所需的转化子。转化效率为每 μg DNA 可转化 $10^6 \sim 10^7$ 转化子。

三、重组子的筛选策略

由于重组率和转化率不可能达到理想极限,因此必须借助各种筛选和鉴定方法得到含有重组 DNA 的阳性克隆。载体的特点、受体细胞的特性和外源基因的表达是筛选重组子的依据。重组子的筛选策略一般有以下几种。

1. 抗药性标志及其插入失活法选择(见项目三)

2. 蓝白斑显色反应选择法(α-互补)(见项目三)

3. 酶切电泳筛选法

根据已知的外源 DNA 序列的限制性酶切图谱,选择一两种内切酶切割质粒,电泳后比较电泳结果(DNA 带数和长度),或用合适的内切酶切下插入片断,再用其他酶酶切这个片断,电泳后比较结果是否符合预计。

4. PCR 扩增检测方法

PCR 检测外源基因的原理是根据被转移的外源基因(目的基因或选择标记基因)设计引物,扩增外源基因的片段。如果扩增出的片段与设计的一对引物之间的实际片段在长度上相吻合,说明基因已转入受体细胞。一般过程是从重组克隆中提取质粒(或 DNA),用外源 DNA 插入片断设计 PCR 引物,电泳 PCR 产物,检查 PCR 产物的长度是否与外源基因一致,来鉴定是否是重组子。

5. 核酸杂交方法

利用碱基互补配对的原理进行分子杂交是核酸分析的重要手段,也是鉴定重组子的常用方法。杂交的双方是待测的核酸序列和由已知的插入片段基因制备的 DNA 或者 RNA 探针。根据待测核酸的来源以及将其分子结合到固体支持物上的不同,核酸杂交主要有菌落印迹原位杂交、斑点印迹杂交、Southern 印迹杂交和 Northern 杂交等。这些方法都是通过一定的物理方法将菌落(噬菌斑)或者提取的 DNA 从平板上或者凝胶上转移到固体支持物上,然后同液体中的探针进行杂交。图 7-1 以 Southern 印迹杂交为例展示原理。

6. 免疫化学检测法

利用抗体作为"探针"来检测转入受体菌并且表达出相应的蛋白质的外源基因,是筛选重组子常用的一种方法。有放射性抗体检测法、免疫沉淀检测法和酶联免疫检测法(ELISA)等。其中,酶联免疫检测法采用非放射性标记物(辣根过氧化物酶)偶合二抗,然后与目的蛋白抗原-抗体复合物结合,加入酶反应的底物后,底物被酶催化变为有色产物,

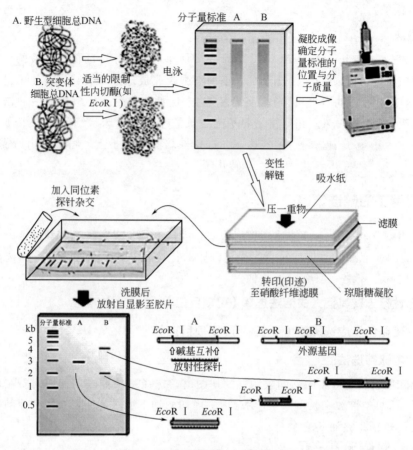

图 7-1　Southern 印迹杂交原理图

产物的量与标本中目的蛋白的量直接相关，故可根据颜色反应的深浅有无进行定性或定量分析。图 7-2 以酶联免疫检测法为例展示原理。

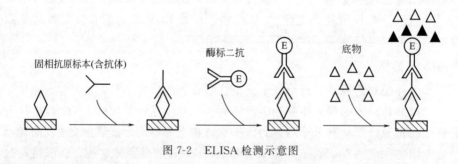

图 7-2　ELISA 检测示意图

💡 项目实施

【拟定计划】

① 根据参考方法或客户需求填写作业流程单（详见《项目学习工作手册》），列出操作要求。

② 按照实训中心给定的条件，合理划分工作阶段、小组工作任务和个人工作任务，填写工作计划及任务分工表（详见《项目学习工作手册》），报给主管（或教师）备案。

【材料准备】

全班讨论各个小组的方案，深入理解原理，按照选择的方案的需要，选择最佳方案，修订作业程序，填写材料申领单（详见《项目学习工作手册》）。

【任务实施】

任务一　E.coli 感受态细胞的制备

① 前夜接种受体菌（DH5α 或 DH10B），挑取单菌落于 LB 培养基中37℃摇床培养过夜（约 16h）。

感受态细胞
的制备

② 取 1mL 过夜培养物转接于 100mL LB 培养基中，在 37℃摇床上剧烈振荡培养约 2.5～3h（250～300r/min）。

③ 将 0.1mol/L CaCl₂ 溶液置于冰上预冷；以下步骤需在超净工作台和冰上操作。

④ 吸取 1mL 培养好的菌液至 1.5mL 离心管中，在冰上冷却 10min。

⑤ 4℃下 4000r/min 冷冻离心 10min，弃上清（注意尽量除去上清）。

⑥ 加入 100μL 预冷 0.1mol/L CaCl₂ 溶液，用移液枪轻轻上下吸吹打匀，使细胞重新悬浮，禁止剧烈振荡。

⑦ 4℃下 4000r/min 冷冻离心 10min，弃上清（注意尽量除去上清）。

⑧ 加入 100μL 预冷 0.1mol/L CaCl₂ 溶液，用移液枪轻轻上下吸吹打匀，使细胞重新悬浮。

⑨ 细胞悬浮液可立即用于转化实验或添加冷冻保护剂（15%～20%甘油）后超低温冷冻贮存备用（−70℃）。

任务二　热激法转化 E.coli

① 冰中解冻 DH5α 感受态细胞，混匀（动作要轻柔）。

② 吸取 10μL DNA（10ng 以下）至 50μL 感受态细胞中，混匀，冰中放置 30min。

③ 42℃水浴 90s，迅速转移到冰中，放置 2～3min。

重组质粒
的转化

④ 加入 500μL LB 培养基（37℃预热），37℃，150r/min，振荡培养 45min。

⑤ 4000r/min，离心 1min。

⑥ 弃上清，保留约 100μL 转化混合物，涂平板。

⑦ 37℃先正置培养 30min，后倒置培养过夜。

任务三　转化子的筛选——菌落 PCR

① 制备 PCR 混合液，反应体系（25μL）：*Taq* 酶（5U/μL）0.5μL，引物 P₂（10μmol/L）1μL，引物 P₁（10μmol/L）1ul，10 × *Taq* 酶缓冲液 2.5μL，dNTP（2.5mmol/L）2μL，双蒸水补足到 25μL。

② 打开无菌超净工作台，里面放置无菌的 2mL 离心管、液体 LB 选择培养基（50mg/L Amp）、移液器，紫外灭菌 30min。

③ 吸取 200μL 的液体 LB 选择培养基，放入 2mL 离心管内。

④ 用小枪头挑取生长状态良好，边缘齐整的单菌落，然后，在选择培养基中吸打 3～

5 次。。

⑤ 每个平板挑取若干单菌落，并在离心管上做好标记，37℃恒温 250r/min 振荡培养 3h。

⑥ 使用重组载体特异性引物分别对每管菌液进行 PCR 检测，反应体系及程序见项目五。

⑦ 用 1.2% 琼脂糖凝胶电泳进行检测，通过观察条带大小及亮度，初步判断重组载体是否转化成功。

任务四　转化子的鉴定——酶切验证

① 经前期序列分析，*Nco* I 和 *Xho* I 是重组载体的限制性酶切位点。

② 找到菌体 PCR 检测阳性克隆相应标记的菌液管。

③ 吸取菌液 20μL 至 20mL 液体 LB 选择培养基（含 Amp）中，37℃，250r/min，过夜培养。

④ 提取质粒，步骤见项目三。

⑤ 在 0.2mL 离心管中加入质粒 20μL。

⑥ 加 *Nco* I （10U/μL）1μL、*Xho* I （10U/μL）1μL、10×缓冲液 2μL、水 16μL，37℃，15min。

⑦ 用 1.0% 琼脂糖凝胶电泳进行检测，酶切前后进行对比，切下来的条带大小符合预期，即可进一步判断重组载体是否转化成功。

任务五　转化子的鉴定——测序及比对

① 结合酶切电泳检测结果，找到阳性克隆的阳性菌液，送相应的公司通过双脱氧链末端终止法进行测序。

② 打开测序软件 Chromas，打开一个测序结果，峰型排列良好，无高大杂峰，说明测序结果可靠。将测序结果输出为文本文件（图 7-3）。

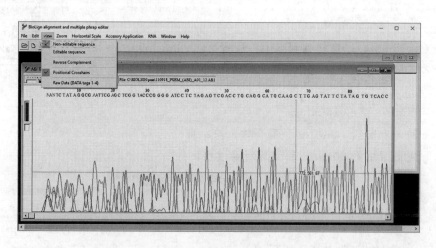

图 7-3　查看测序结果

③ 将测序结果与数据库作序列比对分析，进入 BLAST 分析界面（图 7-4）。

④ 比对结果如图 7-5 所示，需要保证两个序列必须是 100% 相同。

⑤ 将测序结果正确的菌液加入 50% 无菌甘油，上下颠倒混匀，菌液与 50% 无菌甘油体

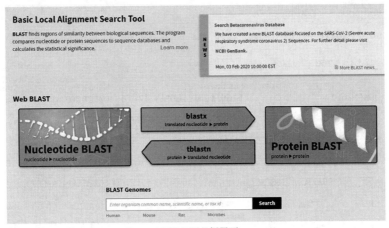

(a) BLAST分析界面

(b) 选择待分析序列

图 7-4　序列比对分析

积比为 3∶2。放置于 −80℃ 保存。

【任务记录】

按照作业程序完成工作任务，填写过程记录表及结果记录表（详见《项目学习工作手册》）。

【项目交付】

根据客户的订单，核对订单号，仔细检查标签，邮箱地址和交货地址，填写客户交货单（详见《项目学习工作手册》），完成交货流程。

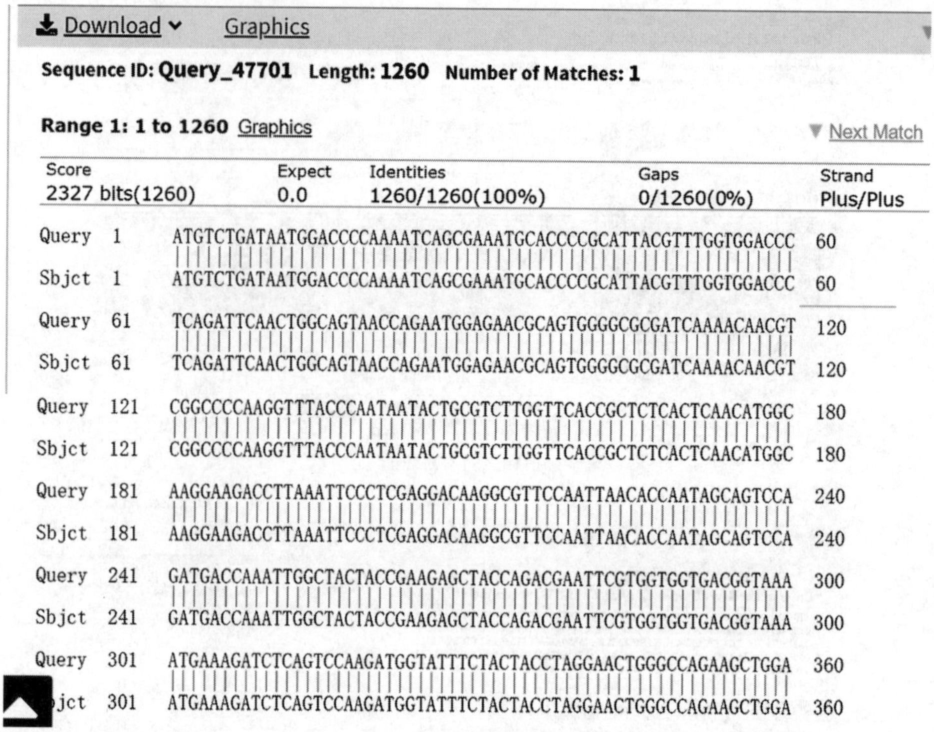

⬇ **Download** ⌄   <u>Graphics</u>

Sequence ID: **Query_47701**   Length: **1260**   Number of Matches: **1**

Range 1: 1 to 1260 Graphics   ▼ <u>Next Match</u>

Score	Expect	Identities	Gaps	Strand
2327 bits(1260)	0.0	1260/1260(100%)	0/1260(0%)	Plus/Plus

```
Query  1    ATGTCTGATAATGGACCCCAAAATCAGCGAAATGCACCCCGCGATTACGTTTGGTGGACCC    60
            ||||||||||||||||||||||||||||||||||||||||||||||||||||||||||||
Sbjct  1    ATGTCTGATAATGGACCCCAAAATCAGCGAAATGCACCCCGCGATTACGTTTGGTGGACCC    60

Query  61   TCAGATTCAACTGGCAGTAACCAGAATGGAGAACGCAGTGGGGCGCGATCAAAACAACGT    120
            |||||||||||||||||||||||||||||||||||||||||||||||||||||||||||
Sbjct  61   TCAGATTCAACTGGCAGTAACCAGAATGGAGAACGCAGTGGGGCGCGATCAAAACAACGT    120

Query  121  CGGCCCCAAGGTTTACCCAATAATACTGCGTCTTGGTTCACCGCTCTCACTCAACATGGC    180
            |||||||||||||||||||||||||||||||||||||||||||||||||||||||||||
Sbjct  121  CGGCCCCAAGGTTTACCCAATAATACTGCGTCTTGGTTCACCGCTCTCACTCAACATGGC    180

Query  181  AAGGAAGACCTTAAATTCCCTCGAGGACAAGGCGTTCCAATTAACACCAATAGCAGTCCA    240
            |||||||||||||||||||||||||||||||||||||||||||||||||||||||||||
Sbjct  181  AAGGAAGACCTTAAATTCCCTCGAGGACAAGGCGTTCCAATTAACACCAATAGCAGTCCA    240

Query  241  GATGACCAAATTGGCTACTACCGAAGAGCTACCAGACGAATTCGTGGTGGTGACGGTAAA    300
            |||||||||||||||||||||||||||||||||||||||||||||||||||||||||||
Sbjct  241  GATGACCAAATTGGCTACTACCGAAGAGCTACCAGACGAATTCGTGGTGGTGACGGTAAA    300

Query  301  ATGAAAGATCTCAGTCCAAGATGGTATTTCTACTACCTAGGAACTGGGCCAGAAGCTGGA    360
            |||||||||||||||||||||||||||||||||||||||||||||||||||||||||||
Sbjct  301  ATGAAAGATCTCAGTCCAAGATGGTATTTCTACTACCTAGGAACTGGGCCAGAAGCTGGA    360
```

图 7-5 序列比对结果

🕯 复盘提升

复盘自己的操作流程，分析失败或成功原因，填写注意事项（详见《项目学习工作手册》）。

🕯 项目拓展

一、常用表达宿主

用于基因表达的宿主细胞可分为两大类：第一类为原核细胞，常用的如大肠杆菌、枯草芽孢杆菌、链霉菌等；第二类为真核细胞，常用的如酵母、丝状真菌、哺乳动物细胞等。常用基因表达宿主及其优缺点和应用领域见表 7-1。

表 7-1 常用基因表达宿主及其优缺点和应用领域

表达宿主	优点	缺点	应用领域
大肠杆菌	表达水平高；低成本；培养条件简单；生产迅速；可拓展性强；转化操作简单；蛋白质表达可以通过多个参数进行优化；容易形成二硫键	蛋白质折叠性较差（包括细菌蛋白）；易形成包涵体；低效的体外折叠可能抵消优势；与真核生物不同的密码子体系；很少的翻译后修饰；易产生内毒素	纯化蛋白的生产（结构、酶、药物发现）；药物蛋白生产

续表

表达宿主	优点	缺点	应用领域
酿酒酵母	表达水平较高;是分泌蛋白或细胞表达的良好选择;低成本;培养条件简单;可拓展性强;拥有大多数真核生物的翻译后修饰;有效的蛋白质折叠;无内毒素	比毕赤酵母的表达水平低;分泌能力可能低于毕赤酵母;糖基化与哺乳动物细胞不同;过糖基化;N-端糖基链结构具有致敏性	纯化蛋白的生产(结构、酶、药物发现);药物蛋白生产
甲醇营养型酵母	表达水平高;低成本;培养条件简单;生产迅速;可拓展性强;是分泌蛋白或细胞内表达的良好选择;蛋白质分泌高效且允许简单纯化;广泛的翻译后修饰;N-端糖基化能力优于酿酒酵母;无内毒素	使用甲醇作为诱导剂具有一定危害;糖基化不同于哺乳动物细胞	纯化蛋白的生产(结构、酶、药物发现)
哺乳动物细胞	较高的表达水平;中度的可扩展性;利用细胞的悬浮培养特性可大规模生产;有效的蛋白质折叠;适合分泌蛋白;充分的翻译后修饰;无内毒素	培养基昂贵;生长条件复杂	纯化蛋白的生产(结构、酶、药物发现);药物蛋白生产;基于细胞的研究
杆状病毒侵染后的昆虫细胞	表达水平高(特别是细胞内蛋白);较快的生长速度;有效的细胞折叠;中度可扩展性;广泛的翻译后修饰;糖基化与哺乳动物细胞类似;相对容易的酶促的去糖基化(对于蛋白质结构测定有利);无内毒素	培养基昂贵;需要大量的病毒;亲肽的分泌通路低效;糖基化不同于哺乳动物细胞;病毒侵染会导致细胞裂解和潜在的表达蛋白降解	纯化蛋白的生产(结构、酶、药物发现)

1. 大肠杆菌

大肠杆菌因其遗传背景清晰、操作简单、生长繁殖快、成本低、产量高、表达产物纯化过程简单、产物稳定性好、不易污染等优点而成为原核表达系统中的优势菌株。大肠杆菌表达系统是最早进行研究的外源基因表达系统,也是进行高效表达研究的首选体系,目前已得到广泛应用并取得了巨大的科研价值和经济效益。大肠杆菌基因工程菌常用类型大肠杆菌菌株基因型种类较多,实际工作中需结合自己的实验目的选出最合适的细胞种类。常见基因型大肠杆菌细胞简介及适用方向见表 7-2。

表 7-2　常见基因型大肠杆菌细胞简介及适用方向

实验目的	基因型	描述	适用方向
保证外源质粒的稳定性	*endA*	对非特异性限制酶进行基因敲除,以减少限制酶的活性,进而降低对外源 DNA 的剪切	提高外源质粒的数量和质量
	hsdR	*hsdR* 位点变异,减少细胞对未甲基化的位点的剪切	提高某些 PCR 产物的转化效率
	dam/dcm	消除甲基化对腺嘌呤和胞嘧啶	帮助某些外源质粒复制,比如携带易受甲基化影响的酶切位点的外源质粒
	mcrA/mcrBC/mrr	阻止细胞识别从其他组织来的甲基化序列为异物	基因组 DNA 或者甲基化 cDNA 的克隆
	recA	降低 DNA 重组的概率	提高质粒在细胞内的稳定性
	recBCD	Exonuclease V 的变异,使 DNA 重组的概率降低	提高质粒在细胞内的稳定性

续表

实验目的	基因型	描述	适用方向
提高转化效率	deoR	去除某些调控基因,使得用于脱氧核糖生成的基因大量表达	使得超长质粒得以完整复制,提高转化效率
	hee	在电穿孔的过程中,改造过的细胞表现出更强的存活率	更多细胞活下来,更高的转化效率
	hte	突变使宿主更易被大质粒转化	调高转化效率
满足不同的蛋白表达机制	lacI^q	变异的 lacI 基因,导致阻遏物大量表达,更为严格的控制乳糖启动子	严格调控乳糖启动子控制的蛋白质表达
	DE3	T7RNA 聚合酶的基因被重组到大肠杆菌细胞的基因组中	调控 T7 噬菌体启动子控制的蛋白质表达系统
	pLysS	携带 T7 溶菌酶,用于摧毁 T7RNA 聚合酶	调控 T7 噬菌体启动子控制的蛋白质表达系统
	lon	ATP 酶依赖性蛋白酶基因的变异,导致蛋白水解能力降低	减少重组蛋白质的水解,提高表达产量
	ompT	外膜蛋白酶基因变异,减少外膜蛋白酶的表达量	减少重组蛋白质的水解,提高表达产量
	dnaJ	dnaJ 基因失活	提高某些外源蛋白正确折叠率
	gor	谷胱甘肽还原酶基因变异,提高生成二硫键的能力	提高蛋白质正确折叠的概率

① 大肠杆菌 DH5α 菌株　该菌株是世界上最常用的基因工程菌株之一。DH5α 是核酸内切酶（endA）缺陷型菌株,提高了质粒 DNA 的产量和质量,可用作建立基因库、进行亚克隆等;但该菌株的蛋白酶没有缺陷,表达的蛋白质容易被降解,因此,通常不作为表达菌株;并且该菌株生长缓慢,37℃需培养 12～14h 才能看见克隆。E. coli DH5α 在使用 pUC 系列质粒载体进行 DNA 转化时,由于载体 DNA 编码的 lacZα（β-半乳糖苷酶氨基酸 α 肽）和 DH5α 编码的 lacZΔM15 相结合,从而显示出 β-半乳糖苷酶活性,可用于蓝白斑筛选鉴别重组菌株。同时由于 DH5α 具有 deoR 变异,可以作为较大质粒的宿主菌使用。

② 大肠杆菌 BL21（DE3）菌株　该菌株用于高效表达克隆于含有 T7 噬菌体启动子的表达载体（如 pET 系列）的基因,适合表达非毒性蛋白。T7 噬菌体 RNA 聚合酶位于 λ 噬菌体 DE3 区,该区整合于 BL21 的染色体上。

③ 大肠杆菌 BL21（DE3）pLysS 菌株　该菌株含有质粒 pLysS,因此具有氯霉素抗性。pLysS 含有表达 T7 溶菌酶的基因,能够降低目的基因的背景表达水平,但不干扰目的蛋白的表达,适合表达毒性蛋白和非毒性蛋白。

④ 大肠杆菌 JM109 菌株　该菌株来源于 E. coli K 菌株,是提取高质量 DNA 的理想菌株,也是用于 pUC 系列质粒转化和从 M13 或噬菌体载体中生产单链 DNA 的良好宿主。JM109 是 recA⁻ 和缺乏大肠杆菌 K 限制系统,recA1 和 endA1 的突变有利于克隆 DNA 的稳定和高纯度质粒 DNA 的提取,携带 hsdR17 基因型背景,使得异源 DNA 不被内源核酸酶系统降解,lacI^q 和 lacZΔM15 的存在使该菌株可用于构建克隆、蓝白斑筛选实验。

⑤ 大肠杆菌 TOP10 菌株　该菌株适用于高效的 DNA 克隆和质粒扩增,能保证高拷贝质粒的稳定遗传。

⑥ 大肠杆菌 HB101 菌株　该菌株遗传性能稳定,使用方便,适用于各种基因重组实验。

2. 酵母细胞

酵母是研究真核蛋白质表达和分析的有力工具，拥有转录后加工修饰功能，适合于稳定表达有功能的外源蛋白质。与昆虫表达系统和哺乳动物表达系统相比，酵母表达系统操作简单，成本低廉，可大规模进行发酵，是较理想的重组真核蛋白质生产制备工具。常用的有酿酒酵母表达系统、甲醇营养型酵母表达系统和裂殖酵母表达系统。

① 酿酒酵母表达系统　该系统难于高密度发酵，但它缺乏强有力的受严格调控的启动子，分泌效率低，尤其是对于分子质量大于 30kDa 的目的蛋白分子几乎不分泌，也不能使所表达的外源蛋白正确糖基化，表达的蛋白质 C 端往往被截断，因此，一般不用酿酒酵母做重组蛋白质表达的宿主菌。酿酒酵母表达系统中采用整合型载体（YIp）和复制型载体（YRp）。

② 甲醇营养型酵母表达系统　以巴斯德毕赤酵母表达系统最为常用，具有翻译后的修饰功能，如信号肽加工、蛋白质折叠、糖基化和二硫键形成等，它的糖基化位点与其他哺乳动物细胞相同，且生成的糖链一般只有 8～14 个甘露糖残基，较短，核心寡聚糖链上无末端 α-1,3-甘露糖，抗原性较低，特别适合于生产医药用重组蛋白质。甲醇营养型酵母表达系统采用整合型载体（YIp，Invitrogen 公司开发出多种巴氏毕赤酵母表达载体，如 pPIC9、pHIL-D2、pHIL-S1、pPICZA、pPICZB、pPICZC 等）。

③ 裂殖酵母表达系统　该系统具有许多与高等真核细胞相似的特性，它所表达的外源基因产物具有相应天然蛋白质的构象和活性，但目前对它的研究较少。pTL2M 是该系统中常用的高效表达载体。

3. 哺乳动物细胞

哺乳动物细胞具有指导蛋白质的正确折叠，提供复杂的 N 型糖基化和准确的 O 型糖基化等多种翻译后加工功能，表达产物在分子结构、理化特性和生物学功能方面最接近于天然的高等生物蛋白质分子。因此使得哺乳动物细胞表达系统在重组蛋白质药物，特别是治疗性重组单抗药物的研发和生产中有最为广泛的应用。用于重组蛋白质生产的哺乳动物细胞包括人胚胎肾细胞 HEK293、人胚胎视网膜 PER.C6、悬浮适应的 MDCK 细胞、非洲绿猴肾细胞 COS-7、小鼠骨髓瘤细胞 Sp2/0、仓鼠肾细胞 BHK-21 以及中国仓鼠卵巢细胞 CHO 等。HEK293 细胞多用于瞬时转染表达重组蛋白质，Sp2/0 用于鼠源单克隆抗体生产。由于 CHO 细胞的永生性及其他多种优点，超过 70% 的重组蛋白质是用 CHO 细胞生产。不同宿主细胞表达的重组蛋白质其稳定性和蛋白糖基化类型不同，需根据要表达的目的蛋白选择最佳的宿主细胞。

二、动植物细胞的转化

1. 农杆菌转化植物细胞

农杆菌是从土壤中分离出来的革兰阴性菌，根据宿主范围和致病症状可分为 5 种，其中研究最多也最透彻的是根癌农杆菌（*Agrobacterium tumefaciens*），它能将自身 Tumor-inducing（Ti）质粒的一段 DNA（T-DNA）转移到植物细胞中，从而使植物损伤部位形成冠瘿瘤。T-DNA 的转化是在 Ti 质粒上 Vir 区一系列 *Vir* 基因的作用下产生的。T-DNA 是质粒上一段 10～30kb 的序列，编码 5 个与致瘤有关的

植物转基因技术
农杆菌介导法

生长素和细胞分裂素合成酶基因。其左右边界各有一段高度保守的 25bp
的同向重叠序列（direct repeat）与 T-DNA 的转化有关。其中右边界是
VirD2 的共价结合序列及 VirD1/VirD2 内切的靶序列，VirD2 与右边界的
共价结合及邻近右边界的过度驱动（overdrive）序列导致了单链 T-DNA
由右边界剪切并转移的极性，而 VirD2 与左边界的结合可能导致了载体骨
架序列的转移。

动物细胞转染

　　农杆菌侵染时，在单糖转运蛋白 ChvE 的配合下，双元组分系统的 VirA 作为感受信号
的天线分子受到植物伤口产生的酚类物质和糖类的诱导而自动磷酸化，并且随后使双元组分
系统的另一组分 VirG 磷酸化为活性状态，进而通过 vir-box 激活其他 *Vir* 基因的表达，最
后经 VirD1/VirD2 剪切的单链 VirD2-T-DNA 复合体由 VirB 和 VirD4 蛋白组装成的 Type
Ⅳ Sretion System（T4SS）运送到宿主细胞，另外的几个 Vir 蛋白 VirE2、VirE3、VirF、
VirD5 也同时通过这个通道运送到宿主细胞质中。VirD2-T-DNA 复合体在进入宿主细胞质
中不久，VirE2 就结合上去，通过 VirD2 核定位信号的引导并在几个宿主蛋白和农杆菌因子
的协助下向细胞核转运，最后结合在 T-DNA 上的蛋白被降解，而 T-DNA 通过一种尚不清
楚的机制整合到宿主基因组中（图 7-6）。由于 T-DNA 转化不具有序列特异性，因此可用任
何感兴趣的基因代替内源的 T-DNA 基因进行转化。因此，农杆菌是一种天然的植物遗传转
化体系。人们将目的基因插入到经过改造的 T-DNA 区，借助农杆菌的感染实现外源基因向
植物细胞的转移与整合，然后通过细胞和组织培养技术，再生出转基因植株。

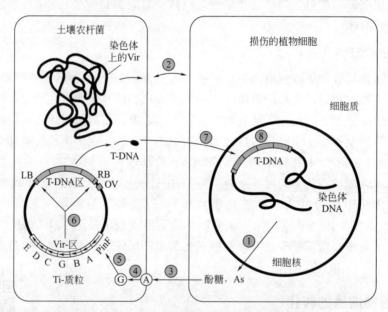

图 7-6　农杆菌侵染植物细胞过程

2. 磷酸钙转染动物细胞

　　基于磷酸钙-DNA 复合物的一种将 DNA 导入真核细胞的转染方法，磷酸钙被认为有利
于促进外源 DNA 与靶细胞表面的结合。磷酸钙-DNA 复合物黏附到细胞膜并通过胞饮作用
进入靶细胞，被转染的 DNA 可以整合到靶细胞的染色体中从而产生有不同基因型和表型的
稳定克隆。这种方法首先由 Graham 和 van der Ebb 使用，后由 Wigler 修改而成。可广泛用
于转染许多不同类型的细胞，不但适用于短暂表达，也可生成稳定的转化产物。

三、DNA 测序

DNA 测序

DNA 的序列测定是分子生物学研究中的一项非常重要的和关键的内容。如在基因的分离与定位、基因结构与功能的研究、基因操作技术中载体的组建、基因表达与调控、基因片段的合成和探针的制备、基因与疾病的关系等等，都要求对 DNA 一级结构有详细地了解。

测序技术最早可以追溯到 20 世纪 40 年代。早在 1945 年就已经出现了关于早期测序技术的报道，即 Whitfeld 等用化学降解的方法测定多聚核糖核苷酸序列。1977 年 Sanger 等发明的双脱氧核苷酸末端终止法和 Gilbert 等发明的化学降解法，标志着第一代测序技术的诞生。此后在三十几年的发展中陆续产生了第二代测序技术，包括 Roche 公司的 454 技术、Illumina 公司的 Solexa 技术和 ABI 公司的 SOLiD 技术。最近，Helicos 公司的单分子测序技术、Pacific Biosciences 公司的单分子实时（single molecule real time，SMRT）测序技术和 Oxford Nanopore Technologies 公司正在研究的纳米孔单分子测序技术被认为是第三代测序技术。测序技术正在向着高通量、低成本、长读取长度的方向发展。

1. 第一代测序技术

Sanger 等发明的双脱氧核苷酸末端终止法，因操作简便，得到了广泛的应用，又称为 Sanger 法。其原理是利用 DNA 聚合酶，以待测单链 DNA 为模板，以 dNTP 为底物，设立四种相互独立的测序反应体系，在每个反应体系中加入不同的双脱氧核苷三磷酸（ddNTP）作为链延伸终止剂。在测序引物引导下，通过高分辨率的变性聚丙烯酰胺凝胶电泳分离，经放射自显影检测后，合成链序列，由此推知待测模板链的序列（图 7-7）。

2. 第二代测序技术

自 1977 年 Sanger 发明了双脱氧链终止法测序技术以来，新的测序技术、测序平台不断涌现，在这种情况下，第二代测序技术（next-generation sequencing）应运而生。第二代测序技术的核心思想是边合成边测序（sequencing by synthesis），即通过捕捉新合成末端的标记来确定 DNA 的序列，其特点是能一次并行对几十万到几百万条 DNA 分子进行序列测定，且一般读长较短。第二代测序技术平台主要包括 Roche/454 FLX、Illumina/Solexa Genome Analyzer 和 Applied Biosystems SOLID system，尤其是 Illumina 公司的测序方式是比较热的二代测序方法。Illumina 公司的二代测序的特点是使用带有可以切除的叠氮基和荧光标记的 dNTP 进行合成测序，由于 dNTP 上的叠氮基的存在，每个链每次测序循环只会合成一个碱基，由于 A、C、G、T 四种碱基所携带的荧光各不相同，因此读取此时的荧光就可以得知此时的碱基类型，重复这个过程，所有碱基序列就可以完成测定了。大致流程：建库→桥式 PCR 扩增→Read1 测序→Read2 测序→双端测序（Read3）。

3. 第三代测序技术

目前，三代测序技术已凭借其技术优势受到越来越多科研工作者的青睐。第三代测序技术集长读长和高通量于一身，对高纯度、长读长核酸分子进行实时测序，此技术已广泛应用于科学研究及精准医疗中。以 Helicos 公司的 Heliscope 单分子测序仪、Pacific Biosciences 公司的 SMRT 技术和 Oxford Nanopore Technologies 公司的纳米孔单分子技术为代表的第三代测序技术在经过了多年发展后已经逐步趋于成熟。其中，Heliscope 技术和 SMRT 技术利用荧光信号进行测序，而纳米孔单分子测序技术利用不同碱基产生的电信号进行测序。基

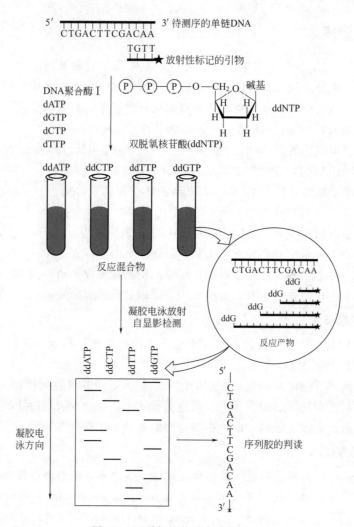

图 7-7 双脱氧核苷酸末端终止法

因测序技术逐渐成为临床分子诊断中重要技术手段，第三代测序技术是未来发展的重要趋势，将主要应用在基因组测序、甲基化研究和突变鉴定（SNP 检测）这三个方面上。

四、CRISPR-Cas9

CRISPR-Cas9

1987 年，日本大阪大学的科研人员在研究细菌编码的碱性磷酸酶基因时，发现了该基因编码区域附近存在一小段不同寻常的 DNA 片段，这些片段是由简单的重复序列组成的，而且，在片段的两端还存在着一段不太长的特有的序列。当时，没有引起太多人的注意，只是发表了很普通的一篇文章，而如今，这个"小发现"正散发着耀眼的光芒，科学家利用这个小片段找到了一种可对多种生物的基因组进行改造的工具——CRISPR-Cas9 基因编辑技术。

CRISPR-Cas9 是细菌和古细菌在长期演化过程中形成的一种适应性免疫防御，可用来对抗入侵的病毒及外源 DNA。CRISPR-Cas9 基因编辑技术就是对靶向基因进行特定 DNA 修饰的技术，这项技术也是用于基因编辑中前沿的方法。以 CRISPR-Cas9 为基础的基因编辑技术在一系列基因治疗的应用领域都展现出极大的应用前景，例如血液病、肿瘤和其他遗传性疾病。该技术成果已应用于人类细胞、斑马鱼、小鼠以及细菌的基因组精确修饰。

1. CRISPR-Cas9 的结构

CRISPR（clustered regularly interspaced short palindromic repeats）是一个特殊的 DNA 重复序列家族，广泛分布于细菌和古细菌基因组中。CRISPR 位点通常由短的高度保守的重复序列（repeated sequence）组成，重复序列的长度通常为 21～48bp，重复序列之间被长约 26～72bp 的间隔序列（spacer seqence）隔开。CRISPR 就是通过这些间隔序列与靶基因进行识别。Cas(CRISPR associated) 是存在于 CRISPR 位点附近的一种双链 DNA 核酸酶，能在向导 RNA 引导下对靶位点进行切割，不需要形成二聚体就能发挥作用（图 7-8）。

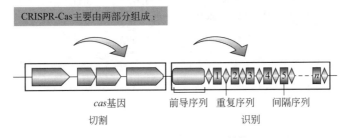

图 7-8　CRISPR-Cas9 的结构

2. CRISPR-Cas9 的作用机理

CRISPR 基因座首先被转录成前体 CRISPR RNA，然后在 Cas9 和核酸酶的作用下被剪切成成熟的 crRNA。成熟的 tracrRNA、crRNA 和 Cas9 形成核糖核蛋白复合物，crRNA 识别外源匹配的 DNA 序列并与之结合，从而介导核糖核蛋白复合物对外源遗传物质的切割（图 7-9）。

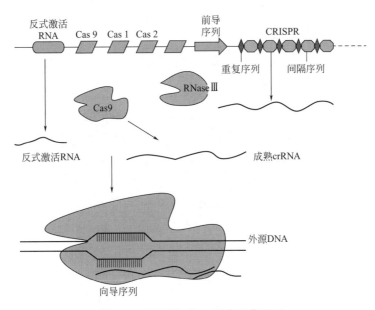

图 7-9　CRISPR-Cas9 系统工作原理

3. CRISPR-Cas9 的技术应用

CRISPR-Cas9 基因编辑技术以其简易、高效和多样化的特点迅速成为生命科学最热门的技术，迅速风靡于世界各地的实验室，成为科研、医疗等领域的有效工具。CRISPR-Cas9 基因编辑技术应用广泛，在各个生物领域都有涉及。在农业方面，如用 CRISPR-Cas9 技术敲掉一个小麦基因，可得到耐白粉病（powdery mildew）小麦新品种，改良作物性状，创造植物育种资源；在医学方面，如用 CRISPR-Cas9 技术敲除小鼠肿瘤抑制基因 *Pten* 和 *Apc*，可建立基因敲除小鼠肺癌模型；利用 CRISPR-Cas9 突变型的切口酶来介导同源重组修复突变的血红蛋白基因，再将修复的诱导性多能干细胞（iPS cells）定向诱导分化为造血干细胞移植到病人体内，可以准确地修正引起疾病的突变基因，进行精准医疗，达到基因治疗效果；在工业上，利用 CRISPR-Cas9 基因编辑技术优化微生物基因的表达和调节，可提高代谢物、生物产品的产量。CRISPR-Cas9 基因编辑技术只需改变很短的 sgRNA 序列（不超过 100bp）就能实现对基因的特异性修饰，在各个生物领域内正展现出极大的应用前景。

项目八

目的基因在大肠杆菌中的表达及纯化

学习目标

1. 知识目标

（1）了解蛋白质翻译的过程。

（2）了解 SDS-聚丙烯酰胺凝胶电泳的基本原理。

（3）了解镍柱亲和色谱原理。

（4）掌握蛋白质含量测定常用方法及原理。

2. 技能目标

（1）能完成目的基因的诱导表达并分离纯化。

（2）能使用 SDS-聚丙烯酰胺凝胶电泳分析蛋白质。

（3）能够选用合适的方法对重组蛋白质进行含量测定。

（4）能区分实训中产生的"三废"，并进行正确处理。

3. 思政与职业素养目标

（1）树立生物制品的质量安全意识，坚守生物制品安全底线。

（2）培养生物医药产品"质量第一"的行业意识，确保药品质量绝对安全。

（3）启迪和感悟医药职业道德，形成高尚的职业道德品质。

项目简介

目的基因在大肠杆菌中的表达及纯化是指经过分、切、连、转、选操作，对得到的工程菌 E.coli BL21(DE3)(pET28a(＋)-N) 进行培养，经 IPTG 诱导目的基因表达以及镍柱亲和色谱分离后用 SDS-聚丙烯酰胺凝胶电泳对目的基因的表达情况（是否表达、表达产物、表达量等）进行分析，并用紫外吸收法测定重组蛋白质含量等步骤获得纯度及浓度符合要求的目标蛋白的过程。

学生需在了解镍柱亲和色谱、SDS-聚丙烯酰胺凝胶电泳、紫外吸收法测定蛋白质含量等基础知识基础上，完成目的基因诱导表达、重组蛋白质分离纯化以及表达产物的 SDS-聚丙烯酰胺凝胶电泳分析、重组蛋白质含量测定、重组蛋白质溶液缓冲液置换及保存等相关任务的操作。

📍 项目引导

一、翻译

蛋白质合成是指生物按照从脱氧核糖核酸（DNA）转录得到的信使核糖核酸（mRNA）上的遗传信息合成蛋白质的过程。蛋白质生物合成亦称为翻译（translation），即把 mRNA 分子中碱基排列顺序转变为蛋白质或多肽链中氨基酸排列顺序的过程。这是基因表达的第二步，产生基因产物即蛋白质的最后阶段。不同的组织细胞具有不同的生理功能，是因为它们表达不同的基因，产生具有特殊功能的蛋白质，参与蛋白质生物合成的成分至少有 200 种，其主要是由 mRNA、tRNA、核糖核蛋白体以及有关的酶和蛋白质因子共同组成。翻译过程从阅读框架的 5′-AUG 开始，按 mRNA 模板三联体密码的顺序延长肽链，直至终止密码出现。整个翻译过程可分为起始，延长，终止（图 8-1）。

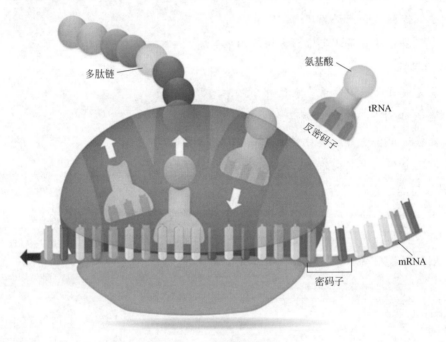

图 8-1　翻译的过程

1. 肽链的合成起始

指 mRNA 和起始氨基酰-tRNA 分别与核糖体结合而形成翻译起始复合物。参与该过程的多种蛋白质因子称为起始因子，该过程需要多种起始因子和 GTP 参加。首先原核生物翻译起始复合物形成，mRNA 在小亚基就位，SD 序列中的 AGGA 与 16S rRNA 3′端的 UCCU 互补，SD 序列是指在原核生物 mRNA 起始密码子 AUG 上游约 8~13 个核苷酸部位，存在 4~9 个核苷酸的一致序列，富含嘌呤碱基，如 AGGAGG，为核糖体结合位点。然后与起始氨基酰-tRNA 结合形成甲酰蛋氨酰-tRNA，再与核糖体大亚基结合。

2. 肽链的延长

根据 mRNA 密码序列的指导，依次添加氨基酸并从 N 端向 C 端延伸肽链，直到合成终止。肽链的延长在多肽链上每增加一个氨基酸都需要经过进位、转肽和移位三个步骤。

① 进位　为密码子所特定的氨基酸 tRNA 结合到核蛋白体的 A 位，称为进位。氨基酰 tRNA 在进位前需要有三种延长因子的作用，即：热不稳定的 EF（unstable temperature EF，EF-Tu）、热稳定的 EF（stable temperature EF，EF-Ts）以及依赖 GTP 的转位因子。EF-Tu 首先与 GTP 结合，然后再与氨基酰 tRNA 结合成三元复合物，这样的三元复合物才能进入 A 位。此时 GTP 水解成 GDP，EF-Tu 和 GDP 与结合在 A 位上的氨基酰 tRNA 分离，该过程消耗 GTP，碱基配对除 A-U、G-C 外，还可有 U-G、I-C、I-A 和 I-U 等。

② 转肽　是由转肽酶催化的肽键形成过程。肽链合成方向为 N 端→C 端。

③ 移位　核糖体沿 mRNA 从 $5'→3'$ 移动一个密码子的距离，肽链长度预测：起始密码 AUG 到终止密码之间的密码子数目。

3. 肽链合成的终止

当核糖体 A 位出现 mRNA 的终止密码后，终止因子（释放因子）与其结合，多肽链合成停止，随后释放因子 RF，识别终止密码和诱导转肽酶改变为酯酶活性起水解作用，进而使合成的肽链脱落并促进 mRNA 与核糖体分离。在体内合成多肽链时是多核蛋白体循环。多肽链合成后还需要剪切、侧链修饰、亚基聚合等加工修饰才能成为有功能的蛋白质。

二、 Ni-亲和色谱法纯化融合蛋白

利用蛋白质表面的一些氨基酸，如组氨酸能与多种过渡金属离子 Cu^{2+}、Zn^{2+}、Ni^{2+}、Co^{2+}、Fe^{3+} 发生特殊的相互作用，偶联这些金属离子的琼脂糖凝胶就能够选择性地分离出这些含有多个组氨酸的蛋白质以及对金属离子有吸附作用的多肽、蛋白质和核苷酸。

半胱氨酸和色氨酸也能与固定金属离子结合，但结合力要远小于组氨酸残基与金属离子的结合力。宿主细胞蛋白的结合力比组氨酸标签蛋白的结合力弱。咪唑可与蛋白质竞争结合偶联金属离子的琼脂糖凝胶，当用不同浓度的咪唑通过色谱柱时，就会将与镍配位的标签蛋白、杂蛋白等分别洗脱下来，低浓度的咪唑可洗脱掉非特异性结合的宿主细胞蛋白，而较高浓度的咪唑可洗脱结合的组氨酸标签蛋白，从而得到高纯度目标蛋白（图 8-2）。

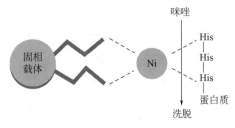

图 8-2　Ni-亲和色谱法纯化融合蛋白原理

Ni^{2+} 亲和色谱柱在亲和纯化实验中的使用最为广泛。根据结合基团的不同，Ni^{2+} 亲和色谱柱可分为 Ni-IDA 和 Ni-NTA 两类（图 8-3）。Ni^{2+} 有六个螯合价位，其中 Ni-IDA 螯合了三价，Ni-NTA 螯合了四价。Ni-IDA 的载量要比 Ni-NTA 的高，在同样条件下 Ni-IDA 洗脱时的咪唑浓度也高于 Ni-NTA，但其弱的结合力使金属离子在洗脱阶段很容易浸出，与目的蛋白紧密结合，从而导致分离的蛋白质产量偏低、产品不纯及金属离子污染等问题。而 Ni-NTA 的颗粒粒度均匀，粒径更小，并且螯合镍更稳定，能耐受较高的还原剂，使填料更加稳定，镍离子不易脱落。

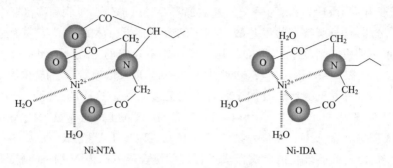

图 8-3   Ni-IDA 和 Ni-NTA

三、SDS-聚丙烯酰胺凝胶（SDS-PAGE）电泳

蛋白质是两性电解质，当溶液的 pH 高于蛋白质的等电点（pI）时，蛋白质分子带负电，在电场中向正极移动。

聚丙烯酰胺凝胶是由丙烯酰胺和 N,N'-甲叉双丙烯酰胺在催化剂过硫酸铵（AP）和加速剂四甲基乙二胺（TEMED）的作用下聚合而成的，具有多孔网状结构（图 8-4）。因此蛋白质分子进行聚丙烯酰胺凝胶电泳时，同时存在电荷效应和筛选效应。带不同电荷性质或分子大小、形状不同的蛋白质分子，其移动速度不同，从而达到分离的目的。

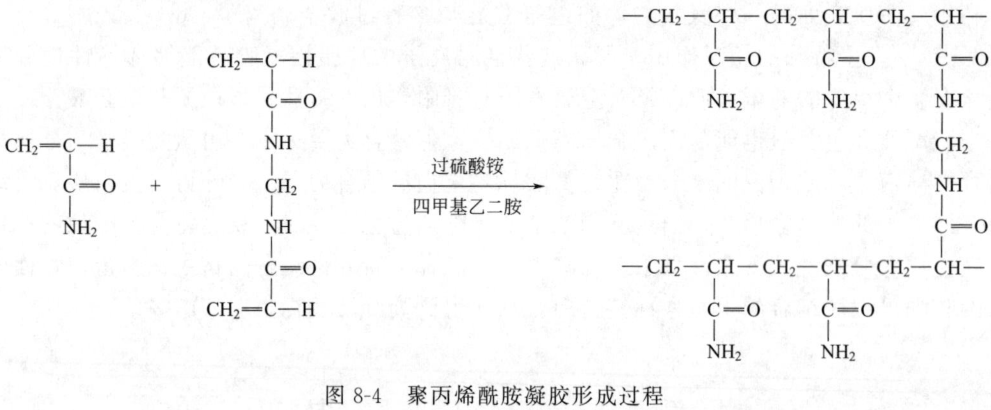

图 8-4   聚丙烯酰胺凝胶形成过程

SDS-聚丙烯酰胺凝胶电泳使用浓缩胶和分离胶两层凝胶。浓缩胶具有浓缩效应，是在 pH 6.8 的 Tris-HCl 缓冲液中聚合形成的低浓度（5%）大孔径凝胶，能使样品在达到分离胶时被浓缩成一条很窄的区带进入分离胶。分离胶具有分子筛效应，是在 pH 8.8 的 Tris-HCl 缓冲液中聚合形成的高浓度（如 10%）小孔径凝胶，能使不同带电性质、大小、形状的分子得以分离（图 8-5）。

进行 SDS-聚丙烯酰胺凝胶电泳时，在样品介质和聚丙烯酰胺凝胶系统中加入了一定浓度的阴离子表面活性剂十二烷基硫酸钠（SDS）。SDS 具有很强的负电荷，能够使蛋白质变性和解聚失去原有的空间构象，破坏蛋白质分子之间以及与其他物质之间的非共价键。特别是在强还原剂，如 β-巯基乙醇或二硫苏糖醇（DTT）的存在下，蛋白质分子内的所有二硫键被还原打开，致使蛋白质全部变为更松散和具有伸展结构的多肽链，与 SDS 充分结合形成带负电荷的蛋白质-SDS 复合物。在一定条件下，SDS 与变性蛋白质的疏水区结合，促使一些不溶性蛋白质溶解而与 SDS 定量结合（平均每克蛋白质可结合约 1.4g SDS）。当蛋白

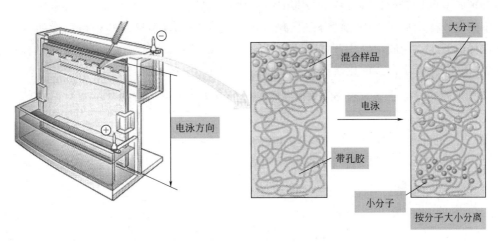

图 8-5　SDS-聚丙烯酰胺凝胶电泳分离胶分子筛效应

质结合一定量的 SDS 后，则复合物所带的负电荷大大超过了蛋白质分子原有的电荷量，这就消除和掩盖了不同蛋白质分子之间原有的电荷差异，使蛋白质的电泳迁移率仅取决于分子量大小，而与所带的电荷性质无关。

在蛋白质分子质量为 $1 \times 10^4 \sim 2 \times 10^5$ Da 时，电泳迁移率（图 8-6）与分子质量的对数呈线性关系，符合直线方程：$\lg Mr = K - bmR$，Mr 为蛋白质的分子质量，K 为直线的截距，b 为直线的斜率，mR 为相对迁移率。在一定条件下，K 和 b 均为常数。根据上述方程将已知分子量的标准蛋白质电泳迁移率与分子质量的对数作图，可绘制出一条标准曲线。在相同条件下只要测得并计算出未知分子质量蛋白质的电泳迁移率，即可从标准曲线上求出其

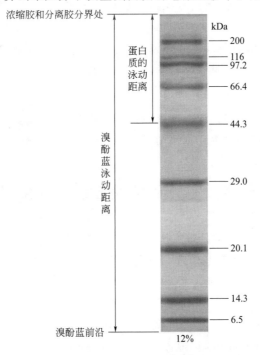

图 8-6　迁移率计算方法
电泳迁移率＝蛋白质的泳动距离/溴酚蓝的泳动距离

近似分子质量的对数值，再求反对数即可得知其分子质量。

不同凝胶浓度适用于不同的分子质量范围（表 8-1）。可根据所测定蛋白质的分子质量范围选择最适合的凝胶浓度，并尽可能选择分子质量范围和性质与待测样品相近的蛋白质作标准蛋白质。标准蛋白质的相对迁移率最好在 0.2～0.8 均匀分布。

表 8-1　聚丙烯酰胺凝胶浓度与适应的分子质量范围

丙烯酰胺浓度/%	适用的物质	分子质量范围(Da)
2～5	蛋白质	$>5 \times 10^6$
5～7.5	蛋白质	$5 \times 10^5 \sim 5 \times 10^6$
7.5～10	蛋白质	$1 \times 10^6 \sim 5 \times 10^6$
10～15	蛋白质	$5 \times 10^4 \sim 1 \times 10^5$
15～20	蛋白质	$1 \times 10^4 \sim 5 \times 10^4$
20～30	蛋白质	$<10^4$
2～5	核酸	$10^5 \sim 2 \times 10^6$
5～10	核酸	$10^4 \sim 10^5$
10～20	核酸	$<10^4$

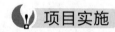 项目实施

【拟定计划】

① 根据参考方法或客户需求填写作业流程单（详见《项目学习工作手册》），列出操作要求。

② 按照实训中心给定的条件，合理划分工作阶段、小组工作任务和个人工作任务，填写工作计划及任务分工表（详见《项目学习工作手册》），报给主管（或教师）备案。

【材料准备】

全班讨论各个小组的方案，深入理解原理，按照选择的方案的需要，选择最佳方案，修订作业程序，填写材料申领单（详见《项目学习工作手册》）。

【任务实施】

任务一　目的基因在大肠杆菌中的诱导表达

① 接种 $50\mu L$ 保存于甘油管中的 $E.coli$ BL21(DE3)/pET28a(＋)-N 于 5mL 含有卡那霉素（$10\mu g/mL$）的 LB 培养液中，37℃，250r/min 培养过夜。

② 次日，取培养过夜的菌液 $50\mu L$，接种于 5mL 含有卡那霉素（$10\mu g/mL$）的 LB 培养液中，37℃，250r/min 培养至对数生长中期（$OD_{600}=0.5\sim0.6$）。

③ 向培养液中加入诱导物 IPTG 至终浓度为 0.4mmol/L，在 37℃下诱导 4h。

④ 将诱导后的菌液 4℃　12000r/min 离心 5min，弃去上清液，沉淀重悬于 0.01mol/L 磷酸缓冲盐溶液（PBS）（pH 8.0）中。

⑤ 将重悬的菌体溶液 4℃　12000r/min 离心 5min，弃上清。重复两次。菌体重悬于 0.01mol/L PBS（pH 8.0）中。

⑥ 在冰浴条件下，超声波破碎大肠杆菌。超声条件设置如下：工作 4s，间隔 4s，时间 10min。以菌液由白变透明，且不黏稠为依据。透明之后继续超声 10min，保证菌体全部破碎。

⑦ 破碎产物经 4℃　12000r/min 离心 15min 后取上清液，准备分离纯化。

任务二　可溶性重组蛋白质的提取

亲和色谱提取
GST 重组蛋白

① 0.45μm 微孔滤膜过滤上清液。

② 取出 4℃保存的 Ni-NTA 亲和色谱柱，置于锥形瓶上。

③ 洗涤及平衡：待柱子中 20％的乙醇流出后，先用一个柱床体积的双蒸水冲洗色谱柱，再用两个柱床体积的 0.01mol/L PBS（pH 8.0）冲洗色谱柱。流速控制在 1mL/min。

④ 上样：流干后加入上清液，取流穿留样。

⑤ 洗涤：分别用适量含有 40mmol/L、80mmol/L、120mmol/L、200mmol/L、250mmol/L 咪唑的 0.01mol/L PBS（pH 8.0）洗涤，有少量弱吸附的杂蛋白被除去。

⑥ 洗脱：用含有 500mmol/L 咪唑的 0.01mol/L PBS（pH 8.0）洗脱，得到重组蛋白质溶液。

⑦ 色谱柱再生及保存：分别用 5～10 个柱床体积的 0.01mol/L PBS（pH 8.0）、5～10 个柱床体积的双蒸水洗涤色谱柱，再用 3～5 个柱床体积的 20％乙醇洗涤色谱柱，并留取适量 20％乙醇封柱，超声后 4℃保存。

注意事项：

① 表达产物的可溶性可通过将超声破碎后的菌液离心（4℃，12000r/min 离心 15min），分别收集上清和沉淀，进行 SDS-聚丙烯酰胺凝胶电泳检测（图 8-7）。

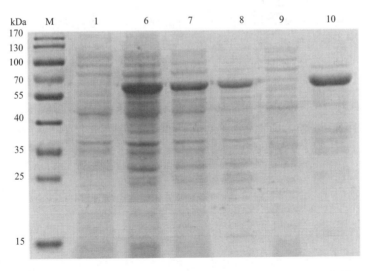

图 8-7　表达产物经 SDS-PAGE 分析结果（以 LukS-PV-GFP 为例）

M—蛋白质分子量标准；1—诱导前；6—诱导 5h；7—诱导 6h；8—超声破碎后上清液；
9—超声破碎后沉淀；10—纯化后的蛋白

② 可用不同浓度（80mmol/L、120mmol/L、200mmol/L、250mmol/L、500mmol/L）咪唑洗脱，洗脱液经 SDS-聚丙烯酰胺凝胶电泳分析确定最佳咪唑洗脱浓度。

任务三　SDS-聚丙烯酰胺凝胶电泳鉴定目的蛋白

（1）配制 SDS-聚丙烯酰胺凝胶溶液

① 30％丙烯酰胺（300g/L）：称取丙烯酰胺 29.20g，甲叉双丙烯酰胺 0.8g，加纯化水溶解并定容至 100mL，置于棕色瓶，于 4℃冰箱保存备用。

SDS-PAGE
检测蛋白质

② 分离胶缓冲液（1.5mol/L Tris-HCl，pH 8.8）：称取 Tris 181.5g 溶于纯化水，浓 HCl 调 pH 至 8.8，加纯化水定容至 1000mL。

③ 浓缩胶缓冲液（1.0mol/L Tris-HCl，pH 6.8）：称取 Tris 121g 溶于纯化水，浓 HCl 调 pH 至 6.8，加纯化水定容至 1000mL。

④ 10％过硫酸铵溶液（100g/L）：称取过硫酸铵 1.0g，溶于纯化水并定容至 10mL。

⑤ 电泳缓冲液（10×Tris-Gly，pH 8.3）：称取 Tris 30.3g，甘氨酸 144.2g，SDS 10g，溶于纯化水并定容至 1000mL。

⑥ 5×上样缓冲液：250mmol/L Tris-HCl（pH 6.8）；10％ SDS（100g/L）；0.5％溴酚蓝（BPB，5g/L）；50％甘油；5％ 2-ME（β-巯基乙醇，50g/L）。配制量：5mL 具体配制方法：1.0mol/L Tris-HCl（pH 6.8）1.25mL；SDS 0.5g；BPB 25mg；甘油 2.5mL 置于 5mL 容量瓶中，加入纯化水溶解后定容至 5mL。小份（每份 500μL）分装后，于室温保存。使用前将 25μL 的 β-巯基乙醇加到每小份中，加入 β-巯基乙醇的 loading buffer 可在室温下保存一个月左右。

⑦ 0.25％考马斯亮蓝染色液：考马斯亮蓝 R-250 1.25g，50％甲醇溶液 454mL，冰醋酸 46mL，混匀使用。

⑧ 脱色液：冰醋酸 75mL，甲醇 50mL，加纯化水 875mL，混匀使用。

（2）制备 SDS-聚丙烯酰胺凝胶

① 选 1.5mm 板子，将玻璃板清洗干净、自然晾干或吹风机吹干，组装制胶模具。标记分离胶位置（插入配套梳子后，梳子下缘 0.5～1.0cm 处为浓缩胶上缘位置）。

② 用 1％琼脂糖密封玻璃板底边（1％琼脂糖溶液用 1×Tris-Gly，pH 8.3 电泳缓冲液配制）。

③ 分离胶配制：参照待分离样品蛋白质的分子量确定所用凝胶浓度，按表 8-2 配制 15％分离胶，一旦加入 TEMED 混合后，立即小心将分离胶注入准备好的玻璃板间隙中（每个板 7mL），为浓缩胶留有足够空间。

表 8-2　15％分离胶配制

各种组分名称	各种凝胶体积所对应的各种组分的取样量							
	5mL	10mL	15mL	20mL	25mL	30mL	40mL	50mL
H₂O/mL	1.1	2.3	3.4	4.6	5.7	6.9	9.2	11.5
30％丙烯酰胺/mL	2.5	5.0	7.5	10.0	12.5	15.0	20.0	25.0
1.5mol/L Tris-HCl(pH 8.8)/mL	1.3	2.5	3.8	5.0	6.3	7.5	10.0	12.5
10％SDS/mL	0.05	0.1	0.15	0.2	0.25	0.3	0.4	0.5
10％过硫酸铵/mL	0.05	0.1	0.15	0.2	0.25	0.3	0.4	0.5
TEMED/mL	0.002	0.004	0.006	0.008	0.01	0.012	0.016	0.02

④ 用吸管或微量取液器轻轻在其顶层加入几毫升纯化水，以阻止空气中的氧气对凝胶聚合的抑制作用，聚合完成后（约 30～60min，出现明显界面），倒掉覆盖液体，纯化水冲洗 2～3 次后用滤纸吸干残余液体。

⑤ 浓缩胶配制：按表 8-3 配制 5% 浓缩胶（2.5mL/板），最后加入 TEMED 后，混匀迅速注胶；注入浓缩胶溶液后，插入梳子，小心避免气泡，垂直放置于室温下，在浓缩胶聚合完成后（约 30min），小心垂直拔掉梳子，用纯化水冲洗梳孔以去除未聚合的丙烯酰胺，滤纸吸干残余液体。

表 8-3 5% 浓缩胶配制

各种组分名称	各种凝胶体积所对应的各种组分的取样量							
	1mL	2mL	3mL	4mL	5mL	6mL	8mL	10mL
H_2O/mL	0.68	1.4	2.1	2.7	3.4	4.1	5.5	6.8
30% 丙烯酰胺/mL	0.17	0.33	0.5	0.67	0.83	1.0	1.3	1.7
1.0mol/L Tris-HCl(pH 6.8)/mL	0.13	0.25	0.38	0.5	0.63	0.75	1.0	1.25
10% SDS/mL	0.01	0.02	0.03	0.04	0.05	0.06	0.08	0.1
10% 过硫酸铵/mL	0.01	0.02	0.03	0.04	0.05	0.06	0.08	0.1
TEMED/mL	0.001	0.002	0.003	0.004	0.005	0.006	0.008	0.01

(3) 样品处理

将分离纯化后得到的腈水解酶与 5×loading buffer 混合（体积比＝4∶1）于 1.5mL 离心管中，沸水浴中煮沸 3～5min，然后插于冰中，上样前瞬时离心取上清。

(4) 上样

① 根据上样孔宽度及染色方法敏感度选择合适的上样量及蛋白质含量，将凝胶放入电泳槽中，上下槽均加入 1×电泳缓冲液（600mL），检查是否泄漏。

② 驱除两玻璃板之间凝胶底部的气泡，用微量取液器在一个加样槽中加入 5μL 蛋白质分子量标准（低），其他槽中加入适量（15μL）蛋白质样品溶液。

③ 根据记录表上样，动作轻缓、准确、迅速，防止窜孔。

(5) 电泳

上槽接负极，下槽接正极，将电流调至 10mA 凝胶或电压 60～80V，待溴酚蓝移到分离胶后，再将电流调至 18mA 或电压 120V，电泳时间约 2～3h，当溴酚蓝移至距玻璃底 0.5cm 时切断电源。

(6) 剥胶

① 倒掉电泳槽中的缓冲液，取下玻璃板，小心用铲子从下部将玻璃板撬起。

② 用铲子切去上部的浓缩胶，并把分离胶从玻璃板上剥离到盛有染液的搪瓷缸中。

(7) 染色

① 将凝胶完全浸入固定染色液中室温染色 2h 或在微波炉中加热 1min 后室温染色 20min 至显出条带，轻轻摇动使染色均匀，后者不易脱色。

② 回收染液。

(8) 脱色及结果观察

沸水煮，水开后换凉水，反复进行至背景为无色；或用水洗去凝胶表面染液，加脱色液，更换几次脱色液，直至背景无色。参照蛋白质分子量标准，观察实验组中蛋白质条带情况，初步判断蛋白质是否表达及表达量（图 8-8）。

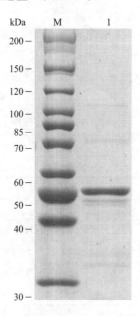

图 8-8　SDS-聚丙烯酰胺凝胶电泳图

M—蛋白质分子量标准；1—经过 Ni-NTA 纯化的蛋白质条带

任务四　重组蛋白质缓冲液的置换及保藏

① 透析袋预处理：将透析袋（3500Da）剪成适当长度，先用 20% 乙醇中火煮沸 10min，再用双蒸水洗涤，防止测漏。

② 透析加样：用透析夹将透析袋一端夹紧，然后向透析袋内加入重组蛋白质溶液，并轻轻将袋内空气排除，再将另一端用透析夹夹紧，放入盛有 0.01mol/L pH 8.0 的 PBS 缓冲液的烧杯中。

③ 烧杯中放入磁力搅拌子，在磁力搅拌器上搅拌透析过夜；中途更换透析外液 3～4 次；

④ 透析结束后，打开透析袋，吸出内容物溶液，经紫外-可见分光光度法测定重组蛋白浓度后，分装，−70℃ 保存。注：也可采用超滤方法进行重组蛋白质缓冲液的置换。

任务五　重组蛋白质浓度测定

① 接通超微量分光光度计电源，按下电源开关按钮，进入系统界面。

② 点击功能控制区的蛋白质按钮，进入蛋白质测量界面。在蛋白质界面内，点击设置，进入蛋白质设置界面，选择 A_{280} 模式。

③ 以 0.01mol/L PBS（pH 8.0）为空白对照，将溶剂滴加到基座上，点击功能测量区的空白按钮，程序会自动记录空白值。

④ 用干净的擦镜纸沿同一方向擦去基座上的溶剂。

⑤ 吸取 2.0μL 重组蛋白质溶液滴加到基座上，点击检测按钮。

⑥ 数秒后显示检测结果（数值和图形）。

⑦ 当检测完成后，抬起样品臂，并用干净的擦镜纸把上下基座上的样品擦干净。这样就可以避免样品在基座上的残留。

⑧ 每测量完一个样品，工作界面下方会显示样品的数据：OD_{230}、OD_{260}、OD_{280}、OD_{260}/OD_{280}、OD_{260}/OD_{230}、浓度。

⑨ 测量结束后关闭仪器电源，并填写仪器使用记录。

【任务记录】

按照作业程序完成工作任务，填写过程记录表及结果记录表（详见《项目学习工作手册》）。

【项目交付】

根据客户的订单，核对订单号，仔细检查标签，邮箱地址和交货地址，填写客户交货单（详见《项目学习工作手册》），完成交货流程。

复盘提升

复盘自己的操作流程，分析失败或成功原因，填写注意事项（详见《项目学习工作手册》）。

项目拓展

一、包涵体的提取

1. 包涵体

包涵体是重组蛋白质因为过度表达、蛋白质无足够时间进行肽链折叠，部分折叠中间态之间的特异性错误聚合形成的一种不溶于水的、无生物活性的聚集体。特别是在大肠杆菌表达真核细胞蛋白质时最常见。包涵体约含 $40\% \sim 95\%$ 的重组蛋白质，其余为核糖体元件、RNA 聚合酶、质粒中的其他基因表达蛋白质、内毒素、膜和胞壁成分，大小约为 $0.6 \sim 1.7\mu m$，具有很高的密度（$1.2 \sim 1.4mg/mL$），$1000r/min$ 的离心速度基本能将其沉淀下来，但经常使用的是 $5000 \sim 10000r/min$ 速度沉降。包涵体一般无定形，不能溶于水，只溶于变性剂如尿素、盐酸胍等。

2. 包涵体形成原因及优劣点

包涵体主要是因为在蛋白质表达过程中缺乏某些蛋白质折叠的辅助因子或环境不适，无法形成正确的次级键等形成的（见表 8-4）。

表 8-4　包涵体形成原因

	包涵体形成原因
表达量过高	折叠时间不够 二硫键非正确配对 蛋白质存在非特异性结合 蛋白质溶解度太低

	包涵体形成原因
氨基酸组成	含硫氨基酸(半胱氨酸,胱氨酸) 脯氨酸(D 型,亚氨酸,在蛋白质结构折叠时往往需要异构酶辅助)
蛋白质所处环境	发酵温度高 胞内 pH 接近蛋白质的等电点
异源蛋白	缺乏真核生物中翻译后修饰所需要的酶类

包涵体的形成有有利的一面,也有不利的一面。有利的一面是包涵体的形成去除了几乎全部的细胞内可溶性蛋白质;同时,也避免了蛋白水解酶对表达产物的降解而大大提高产量。不利的一面是溶解包涵体进行复性折叠的过程中需要加变性剂和去垢剂,易引起蛋白质的不可逆修饰及性质改变;另一方面,复性过程中常伴有蛋白质水解和沉淀,有些还形成异构体。因此,复性是最关键、最复杂的问题。

3. 避免包涵体形成方法

① 选择适当的载体和宿主:如在载体上插入一些本身溶解性很高的多肽片段的载体间接地提高外源重组蛋白质在大肠杆菌中表达时的可溶性,使用蛋白酶缺失的菌株可避免表达定位在大肠杆菌周质或周质空间的可溶性蛋白降解而失活。

② 外源蛋白与其他辅助蛋白共表达:分子伴侣是细胞中一类可与正在合成或部分折叠的多肽结合的蛋白质,主要通过阻止出现或校正错误的疏水结构来实现肽链的正确折叠,但不构成最终产物的一部分。辅助蛋白如折叠酶(DsbA 和 PDI)能帮助蛋白质正确折叠。共表达分子伴侣与其他辅助蛋白的方式可为外源蛋白的表达成功和正确折叠提供充足的保障,从而提高外源蛋白的可溶性及其表达产量。

③ 降低蛋白质合成速率:包涵体的形成很大一部分原因是蛋白质表达过快,可降低诱导温度(如 25～30℃)或者降低 IPTG 浓度(0.01～0.1mmol/L)并延长诱导时间,或者换用作用较弱的启动子(如 lac 启动子),以此来减缓表达的速度。

④ 提高周质蛋白表达:在大肠杆菌中外源蛋白通常表达定位在细胞胞质、周质和细胞外(极少数)。胞质中的蛋白质表达效率最高,但常因为肽链的二硫键无法正确形成而形成包涵体,而周质空间表达可形成二硫键。

⑤ 融合标签表达:当改变环境条件(如温度)不能解决外源蛋白可溶性问题时可选择使用融合标签表达的方法。将靶蛋白连接在一些易于表达或纯化的"融合标签"的 N 末端或 C 末端,进一步实现外源蛋白的可溶性表达,常见的融合标签有 GST 标签、6×His 标签、MBP 标签等(见表 8-5)。

表 8-5   常见的融合标签

名称	简介	优点
GST 标签	又称谷胱甘肽-S-转移酶,分子质量为 26kDa	本身是一个高度可溶性蛋白,融合表达可增加外源蛋白的可溶性;提高表达量等
6×His 标签	由 6 个组氨酸残基组成,分子质量为 0.84kDa	分子量小,不会对外源蛋白的功能造成影响;可与其他标签共同构建成双亲和标签
MBP 标签	又称麦芽糖结合蛋白,分子质量为 40kDa	尤其增加真核蛋白在细菌中表达时的可溶性;可通过免疫分析方面检测

续表

名称	简介	优点
FLAG 标签	编码 8 个氨基酸的亲水性多肽（DYKD-DDDK）	一般不与目的蛋白互作，也不会影响其性质和功能；可被抗 FLAG 的抗体识别，从而便于利用 Western 杂交等手段来检测含该标签的蛋白质
SUMO 标签	小分子泛素样修饰蛋白	可用于完整地切除标签蛋白，得到天然蛋白质
C-Myc 标签	氨基酸序列 Glu-Gln-Lys-Leu-Ile-Ser-Glu-Glu-Asp-Leu	在流式细胞计量术、Western 杂交技术和免疫沉淀中，可用于检测重组蛋白质在靶细胞中的表达
eSARS-CoV-2 N/eCFP/eYFP/mCherry	分别为增强型绿色荧光蛋白/增强型黄绿色荧光蛋白/增强型黄绿色荧光蛋白/单体红色荧光蛋白。且均由野生型荧光蛋白通过氨基酸突变和密码子优化而来	蛋白质与荧光蛋白结合，主要用于观察蛋白质的细胞中的精细定位及相互作用

⑥ 肽标签：主要由一到两个氨基酸且重复不同的次数组成，通常总长不超过 15 个残基，小肽标签可在不干扰有关蛋白质结构和不损害蛋白质活性的情况下发挥作用，且在后期不需要额外的步骤对其进行去除。

⑦ 替换氨基酸：替换其中的一个或几个氨基酸来增加可溶性蛋白的表达也为一种可行的方法。原理可能是由于蛋白质的氨基酸被替换后，其稳定性增加或疏水性发生了改变。

⑧ 改变培养基的条件：首先可根据选择的菌株和需要表达的目的外源蛋白的特征来选择适当的 pH，并保持培养基中 pH 的相对稳定。其次，加入一些微量元素（如 Zn、Mg、Cu 等）、碳源（如蔗糖、甘油等）、磷酸钾缓冲液、乙醇等化学物质，对提高外源蛋白的可溶性有极显著的作用。

4. 包涵体处理过程

包涵体的处理一般包括菌体破碎，包涵体的洗涤、溶解、蛋白质复性以及纯化等过程。

① 菌体破碎：包涵体提取的第一步就是对培养后收集的重组菌进行破碎，所采用的破碎技术包括高压匀浆、超声波破碎、反复冻融等，为了提高破碎效率，可以加入一定量的溶菌酶。为了防止在裂解菌体的过程中目的蛋白质发生变性，常常采取一些保护措施：合适的缓冲体系，如磷酸盐缓冲液、Tris 缓冲液、柠檬酸缓冲液；加入保护剂，如还原剂二硫苏糖醇（DTT）、β-巯基乙醇；加抑制水解酶作用的试剂，如酶的抑制剂、EDTA 等。

② 包涵体的洗涤：包涵体在溶解之前需要进行洗涤，除去一些影响重组蛋白质活性的杂质，如外膜蛋白、质粒 DNA 等。

常用的包涵体洗涤试剂有中性去垢剂和还原剂两类：前者如用 TritonX-100 洗涤去除膜碎片和膜蛋白，在洗涤包涵体时常常加入低浓度的尿素或高浓度的 NaCl 提高溶液离子强度而增加去垢剂的洗涤能力，使包涵体的纯度达到 50% 以上。后者如 β-巯基乙醇、二硫苏糖醇和谷胱甘肽等，对于含有半胱氨酸的重组蛋白质，还原剂的使用非常重要。

③ 包涵体的溶解：包涵体一般只溶于强的变性剂如尿素、盐酸胍或硫氰酸盐（见表 8-6），它是通过离子间的相互作用，断裂包涵体蛋白质分子内和分子间的各种化学键，使多肽链伸展。尿素常用浓度为 8~10mol/L，盐酸胍常用浓度为 6~8mol/L，二者易经透析和超滤除去。对于含有半胱氨酸的蛋白质，分离的包涵体中通常含有一些链间形成的二硫键和链内的非活性二硫键。还需加入还原剂如 β-巯基乙醇、二硫苏糖醇等，常用浓度为 2~10mmol/L。

表 8-6　常用变性剂对比

变性剂	优点	劣点
尿素（8～10mol/L）	不电离、呈中性、成本低、蛋白质复性后除去不会造成大量蛋白质沉淀 溶解的包涵体可选用多种色谱法纯化	较盐酸胍慢而弱，溶解度为 70%～90%
盐酸胍（6～8mol/L）	溶解能力达 95%以上，且溶解作用快而不造成重组蛋白质的共价修饰	成本高、在酸性条件下易产生沉淀、复性后除去可能造成大量蛋白质沉淀 对蛋白质离子交换色谱有干扰

④ 包涵体蛋白复性：通过去除变性剂使目的蛋白从完全伸展的变性状态恢复到正常的折叠结构，同时去除还原剂确保二硫键正常形成。一般在尿素浓度为 4mol/L 左右时复性开始，到 2mol/L 左右时结束；盐酸胍可从 4mol/L 开始，到 1.5mol/L 时结束。

复性常用方法有稀释复性、透析复性、超滤复性、分子筛色谱和离子交换色谱等（见表 8-7）。

表 8-7　包涵体复性方法比较

复性方法	简介	优点	缺点
稀释复性	用折叠缓冲液快速稀释溶解的包涵体蛋白质溶液，达到降低变性剂浓度的目的，使去折叠的蛋白质进行再折叠	简单	慢，蛋白质会被稀释到较低浓度，体积增加较大、变性剂稀释速度太快不易控制
透析复性	通过逐渐降低外透液浓度来控制变性剂去除速度	简单，不增加体积	使用大量缓冲液，不适合大规模操作、无法应用到大的生产规模
超滤复性	选择合适截留分子量的膜，使得变性剂能够通过膜孔而目的蛋白不能通过，通过用相同的速度补加复性缓冲液来实现蛋白质浓度的恒定和液体转换	对变性剂的去除速度和复性液的流加速度可控，利于实现复性控制	无法操作少量样品，有些蛋白在超滤过程中发生不可逆变性
分子筛色谱	将蛋白质和小分子变性剂分离，实现溶液交换和蛋白质的折叠	在一步操作中直接进行自动化复性并纯化	样品体积受限
离子交换色谱	减少导致蛋白质聚集的分子间相互作用，可将蛋白质结合在分离介质上，达到溶液中变性剂浓度的稀释和蛋白质的折叠	快速并简单，直接进行自动化	溶液中不可含有与离子交换活性单元相反电荷的离子

根据具体的蛋白质性质和需要，可从生化、免疫、物理性质等方面对蛋白质的复性效率进行检测。如凝胶电泳、光谱学方法、色谱方法、生物学活性及比活测定、黏度和浊度测定、免疫学方法。

⑤ 包涵体蛋白纯化：复性以后的蛋白质纯化方法和可溶性蛋白纯化方法相似，可采用离子交换色谱、凝胶过滤色谱、亲和色谱、盐析等方法。

二、影响外源基因的高效表达的因素

1. 启动子强弱

外源基因在大肠杆菌中表达首先得从 DNA 转录到 mRNA，高水平的转录是外源基因高效表达的基础。而转录水平的高低受到启动子等调控元件的控制，因此，在目的基因的上游，必须有一个强启动子。

2. 核糖体结合位点的有效性

SD 序列的存在对原核细胞 mRNA 翻译起始至关重要。一般 SD 序列至少含 AGGAGG 序列中的 4 个碱基，并且可消除在核糖体结合位点及其附近的潜在二级结构。

3. SD 序列和起始密码子 ATG 的间距

SD 序列和起始密码子 ATG 的间距对翻译效率有明显影响。对于非融合蛋白的表达，SD 序列与起始密码子之间的距离以 9bp±3bp 为宜。距离过长或过短都会影响基因的表达。

4. 密码子组成

可能宿主细胞中不同 tRNA 含量的差异导致了真核基因和原核基因对编码同一种氨基酸所喜爱使用的密码子不尽相同。为了提高表达水平，对于在大肠杆菌中表达的外源基因设计引物或基因合成时，应选择使用大肠杆菌偏爱的密码子。

5. 表达产物的稳定性

表达的蛋白质、多肽和 mRNA 可能不稳定，易被降解。通过采用蛋白酶缺陷型大肠杆菌、组建融合基因产生融合蛋白、利用大肠杆菌的信号肽或某些真核多肽中自身的信号肽将表达产物搬运到胞浆周质的空隙中等措施来增加表达产物的稳定性。

6. 细胞的代谢负荷

外源基因在细菌中高效表达，必然影响宿主的生长和代谢，而细胞代谢的损伤，又必然影响外源基因的表达。合理地调节好宿主细胞的代谢负荷与外源基因高效表达的关系，是提高外源基因表达水平不可缺少的一个环节。

7. 工程菌的培养条件

由于细菌在 100L 以上的发酵罐中的生长代谢活动与实验室条件下 200mL 摇瓶中的生长代谢活动存在很大差异，在进行工业化生产时，工程菌株大规模培养的优化设计和控制对外源基因的高效表达至关重要。优化发酵过程包括工艺和生物学两方面的因素。工艺方面的因素如选择合适的发酵系统或生物反应器。生物学方面的因素包括多方面：首先是与细菌生长密切相关的条件或因素，如发酵系统中的溶氧、pH、温度和培养基的成分等，这些条件的改变都会影响细菌的生长及基因表达产物的稳定性；其次是对外源基因表达条件的优化，工程菌在发酵罐内生长到一定的阶段后，开始诱导外源基因的表达，诱导的方式包括添加特异性诱导物和改变培养温度等，使外源基因在特异的时空进行表达，不仅有利于细胞的生长代谢，而且能提高表达产物的产率；再次是提高外源基因表达产物的总量，外源基因表达产物的总量取决于外源基因表达水平和菌体浓度，在保持单个细胞基因表达水平不变的前提下，提高菌体密度有望提高外源蛋白质合成的总量。

三、蛋白质印迹法

1. 蛋白质印迹法

蛋白质印迹法（Western blotting）是将蛋白质样本通过 SDS-聚丙烯酰胺凝胶电泳按分子量大小分离，转移到固相载体（如硝酸纤维素薄膜）

Western 杂交

上，固相载体以非共价键形式吸附蛋白质，且能保持电泳分离的多肽类型及其生物活性不变。以固相载体上的蛋白质或多肽作为抗原，与对应的抗体起免疫反应，再与酶或同位素标记的第二抗体反应，经过底物显色或放射自显影检测电泳分离的特异性目的基因表达的蛋白质成分（图 8-9）。蛋白质印迹法是进行蛋白质分析最流行和成熟的技术之一，广泛应用于蛋白质表达水平的检测。

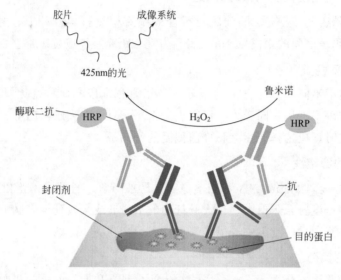

图 8-9　蛋白质印迹法原理图

2. 蛋白质印迹法流程

蛋白质印迹法操作流程包含电泳、转膜、封闭、洗涤、一抗反应、二抗反应和检测七步。

① 电泳：凝胶电泳分为 SDS-聚丙烯酰胺凝胶电泳、等电聚焦电泳、二维电泳。蛋白质印迹法通常使用 SDS-聚丙烯酰胺凝胶电泳。

② 转膜：蛋白质从 SDS-聚丙烯酰胺凝胶电泳转移到膜上，蛋白质的转移一般使用电转移。转膜仪分为半干转膜仪和湿电转膜仪。湿法转膜法转膜效率高且转膜均匀，但使用的电转液液量多，需边冷却边转膜，转膜时间长。半干转膜法转膜时间短，只需要少量的电泳液。因高分子量蛋白质及碱性蛋白质转膜效率低，适合使用湿电转膜仪。常用的转移膜有 PVDF 膜和硝酸纤维素膜。PVDF 膜与目的蛋白的结合能力高，灵敏度高，不易破碎，同时也适用于再次标记（PVDF 膜使用前需浸泡在甲醇中以增加膜的亲水性）。而硝酸纤维素膜不需要浸泡但极易破碎。

③ 封闭：为了防止蛋白质检测用的抗体非特异性与膜结合，需要对未结合蛋白质的膜区域进行封闭。常见的封闭剂有 BSA、脱脂奶粉、酪蛋白等。

④ 洗涤：一般使用 PBS 或 Tris 缓冲盐溶液（TBS）洗膜，除去未反应的试剂，抑制背景。

⑤ 一抗反应：将高度稀释的低浓度抗体溶液添加到托盘，放入膜后，4℃缓慢摇动过夜反应，使用一抗进行对目的蛋白的检测，反应后洗涤。

⑥ 二抗反应：使用 HRP（辣根过氧化物酶）标记的二抗的方法进行化学发光检测。还可使用 AP（碱性磷酸酶）、荧光物质及放射性同位素标记的二抗进行对一抗的检测。

⑦ 检测（化学发光/显色）：检测方法有化学发光法和显色法。显色法操作简便，但化学发光法检测灵敏度高，一般经常使用化学发光检测法。化学发光检测法是利用底物被二抗的 HRP 分解时生成的有色物对目的蛋白的有无及含量进行检测。

四、蛋白质序列测定

重组蛋白质表达纯化产物的分析过程，特别是重组蛋白质药品或者抗体剂的研发和工艺建立过程，需要对蛋白质的全长、N 端或 C 端序列进行确认。蛋白质测序主要是蛋白质一级结构的测定，包括组成蛋白质的多肽链的数目，多肽链的氨基酸数量、种类和排列顺序。

N 末端序列测定：几乎所有的蛋白质合成都起始于 N 端，蛋白质 N 端的序列组成对于蛋白质整体的生物学功能有着巨大的影响力。例如 N 端序列影响蛋白质的半衰期，同时关联着蛋白质亚细胞器定位等，这些与蛋白质的功能和稳定性息息相关，对蛋白质进行 N 端测序分析，有利于帮助分析蛋白质的高级结构，揭示蛋白质的生物学功能，分析 N 末端的15 个氨基酸序列在生物药申报时通常是必检项目，同时也是很多已上市生物药品的年检项目。目前，蛋白质 N 末端序列测定方法主要是 Edman 降解法和质谱法两种。

1. Edman 降解法

该方法是由瑞典化学家 Edman 发明的，Edman 降解法是蛋白质 N 端序列分析中非常成熟的方法之一，有着广泛的应用。在蛋白质测序前，蛋白质样品首先要经过 SDS-PAGE 的分离，保证样品的纯度满足测序的要求；随后将 SDS-PAGE 上的蛋白质样品转移到 PVDF 膜上；经过染色确定蛋白质条带并切出；使用 Edman 测序仪对得到的 PVDF 膜上的蛋白质样品进行分析。Edman 降解测序是通过循环反应从蛋白质的 N 端开始逐个鉴定氨基酸的种类，从而对蛋白质的 N 端序列进行测定。每一个 Edman 测序反应包括 3 步：第一步是偶联反应，在碱性条件下，PITC（苯异硫氰酸酯）与蛋白质 N 端的游离氨基结合；第二步是环化断裂反应，在酸性溶液中，N 端残基被切除；第三步转化反应，与 PITC 结合的残基转化成为更为稳定的 PTH（苯乙内酰硫脲氨基酸）残基，经过在线的 HPLC 分析，根据洗脱时间确定氨基酸种类（图 8-10）。Edman 降解法无法处理 N 端被封闭的蛋白质或多肽，如 N

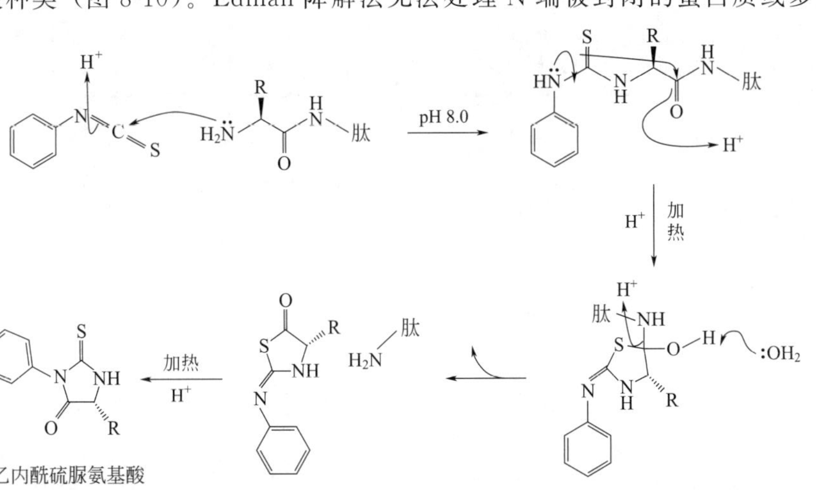

图 8-10　Edman 测序反应过程

端甲基化、乙酰化等。并且对蛋白质或多肽的纯度要求比较高，一般在 90％以上，而且不能含有 SDS 等变性剂和盐等物质。

　　使用根据 Edman 降解法原理设计出的自动分析仪进行分析时，能够可靠地测定肽链的 30 个左右氨基酸残基序列，最多可以分析 50～60 个氨基酸残基。对于肽链较长的多肽，可以先将肽链切断成多个小肽，对这些小肽进行氨基酸分析，然后将这些信息拼接起来，即得到起始肽链中的氨基酸序列。

2. 质谱法

　　采用液相色谱-串联质谱（LC-MS/MS）技术进行测序。质谱的产生和分析过程为：待分析的蛋白质经过蛋白酶（Trypsin、Chymotrypsin、Asp-N、Glu-C、Lys-C 和 Lys-N）酶解消化成肽段混合物，肽段混合物经 HPLC 进行分离和洗涤，通过 MALDI（基质辅助的激光解析电离技术）或 ESI（电喷雾离子化技术）等软电离手段将其离子化，通过一级质谱测定肽段质量，再选取丰度高的肽段进行二级质谱分析，在二级质谱中肽段相互碰撞导致肽键断裂，产生的肽段碎片离子经检测器分析，从而得到筛选肽段的氨基酸序列信息（图 8-11）。根据测得的肽段质量数及碎片离子的质量数，用相应的软件进行 N 端序列分析和数据库检索，通过分析结果确定蛋白质的氨基酸序列。质谱法可用于确认重组蛋白质是否得到完整表达，检测重组蛋白表达过程是否发生断裂以及重组蛋白质 N 端和 C 端序列是否发生修饰，与 Edman 方法形成互补。

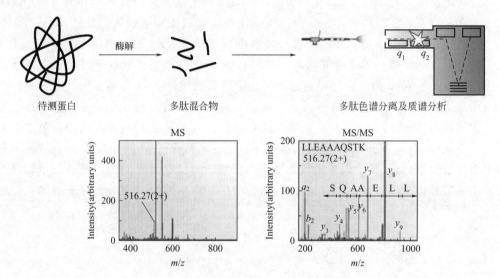

图 8-11　LC-MS/MS 解析多肽序列流程

综合性生产实训——以新型冠状病毒核衣壳蛋白的表达为例

🔍 学习目标

1. 知识目标

（1）了解新型冠状病毒（SARS-CoV-2）的基本特征。

（2）掌握重组新冠病毒核衣壳蛋白的基本操作流程。

2. 技能目标

（1）能够根据客户需要，熟练操作各种基因操作技术，包括 DNA 的提取和检测、RNA 的提取和检测、体外扩增目的基因、重组载体的构建、重组载体转化 *E.coli*、转化子筛选与鉴定、目的基因的表达与鉴定等。

（2）能够利用前期学习的基因操作技术，按照客户的需求，制定基因操作技术重组新冠病毒核衣壳蛋白的实验方案设计和工作规划，有序组织并执行相应的实验方案。

（3）能够按规范实施方案，规范填写交接单和产品报告等表格。

（4）能区分实训中产生的"三废"，并进行正确处理。

3. 思政与职业素养目标

（1）通过比较我国和美国对于新型冠状病毒（SARS-CoV-2）的防控，树立文化自信和制度自信。

（2）体会在疫情期间我国如何践行人类命运共同体的理念及如何体现大国担当。

🔍 项目简介

新型冠状病毒（SARS-CoV-2）为一种新发现的冠状病毒。2020 年 2 月 11 日，国际病毒分类委员会（ICTV）将新型冠状病毒正式命名为严重急性呼吸综合征冠状病毒 2（SARS-CoV-2），世界卫生组织（WHO）将这一病毒导致的疾病的正式名称为 COVID-19。SARS-CoV-2 属于冠状病毒 β 属，其遗传物质是正义单链 RNA，RNA 基因组包含 29891 个核苷酸，与 2003 年的 SARS 冠状病毒（SARS-CoV）的同源性为 82％。SARS-CoV-2 的结构蛋白主要包括刺突糖蛋白（S 蛋白）、包膜糖蛋白（E 蛋白）、膜糖蛋白（M 蛋白）和核衣壳蛋白（N 蛋白），其中 S 蛋白与宿主细胞血管紧张素转换酶 2（ACE2）结合从而进入宿主细胞内（图 9-1）。

SARS-CoV-2 中的 N 蛋白与病毒基因组 RNA 相互缠绕形成病毒核衣壳，在病毒 RNA 的合成过程中发挥着重要的作用。同时，N 蛋白相对保守，在病毒的结构蛋白中所占比例最大，

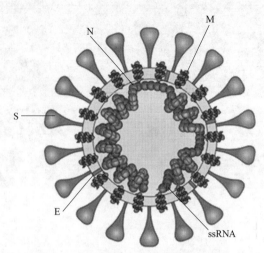

图 9-1　新型冠状病毒形态结构示意图

感染早期机体就能产生抗 N 蛋白的高水平抗体，可以利用 N 蛋白建立快速检测 SARS-CoV-2 血清抗体方法。国家卫生健康委发布的《新型冠状病毒感染肺炎的诊疗方案（试行第七版）》中，增加血清学检测作为确诊依据。N 蛋白是 SARS-CoV-2 IgM/IgG 抗体快速检测试剂卡的核心原材料，N 蛋白产量的多少也将会制约着 SARS-CoV-2 抗体检测试剂卡的生产。

🔍 项目引导

现在有客户需要订购一批 SARS-CoV-2 N 蛋白，用于制作 IgM/IgG 抗体快速检测试剂卡，请按照客户的要求一个月内完成订单，并做质量评估。

根据客户的订单需求，需要做出理性的分析和评估，结合自身现有的技术和设备，制定合理的项目实验方案。在项目方案执行过程中，与客户保持沟通，在重要时间节点及时反馈项目的进展情况。产品交付时，核实客户的信息，按照订单的要求，在规定的时间内，提供质量和数量符合预期的产品。每项任务都应按照学习流程图（图 9-2）完成，同时提升学习者分析问题、解决问题的能力。

一、接单评估

接到客户的询单后，详细询问客户对产品的质量和数量要求，产品的用途，交付产品的时间、周期等信息。通过查阅相关文献和大数据资料，分析产品的表达难易度，结合现有的技术和设备，评估出项目的成功率和可行性，综合判断是否接单。

二、方案设计

项目通过后，接下来就是与客户一起协商设计项目的实验方案。根据客户的订单需求，给出专业的建议，一方面考虑客户项目的需求点，另一方面权衡项目实施的难易度、成本和时间周期，最后得出一个科学合理的最佳方案。

三、项目执行

在项目执行的过程中，需要关注项目中的实验结果参数，做好相关的实验记录。与客户

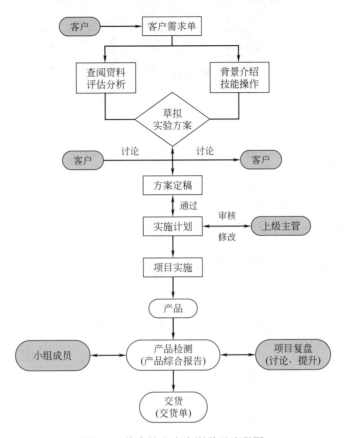

图 9-2 综合性生产实训学习流程图

需要保持沟通作用，一方面是项目取得一些阶段性成果时，将成果及时反馈给客户，鼓舞人心；另一方面是项目进展不顺利时，将实验数据及时反馈给客户，一起商量对策，调整实验方案，以利于项目的推进。

四、产品交付

产品生产出来后，需要根据订单的要求，对产品进行严格质量检测，以确保达到质量要求。产品交付时，核对好客户的信息和订单信息，保质保量准时交付产品，交货时间周期为 2～4 周。

项目实施

首先请客户填写蛋白质表达、纯化服务客户需求登记表，请尽量详细、准确地填写客户需求表，如果客户忘记填写，请打电话或发邮件询问客户的要求，充分地沟通将有助于后续蛋白质的表达纯化。

为了提高工作效率，根据项目的实验流程，将项目实施分为两个小组来执行，分别是克隆构建小组和蛋白质表达小组。克隆构建小组负责重组载体的构建工作，蛋白质表达小组负责大肠杆菌的扩大培养及重组蛋白质的纯化工作。

蛋白质表达、纯化服务客户需求登记表（客户填写）

订单号：	
客户基本信息登记	

联系人：	单位：
联系电话：	邮箱：
传真：	邮编：
所在课题组：	课题组负责人：
联系地址：	

1. 选择以下哪种表达体系

□ 大肠杆菌表达系统

□ 酵母菌表达系统

□ 昆虫细胞表达系统

□ 哺乳动物细胞表达系统

□ 其他表达系统

2. 基因及蛋白质信息

基因名称	
GenBank 登录号	
物种来源	
编码区长度	(_____)bp
目标蛋白的基因序列	请附电子版在附件中说明
基因来源	□ 客户提供 cDNA（请提供序列及载体信息），钓取目的基因
	□ 根据基因序列直接进行全基因合成
	□ 根据基因序列进行密码子优化后再进行全基因合成
	□ 其他方式：(_____)
空表达载体	□ 客户提供空表达载体（为保证实验顺利进行，请提供载体序列及图谱以及其他信息）
	□ 客户不提供空载体，根据客户提供的空载体序列和图谱进行表达载体构建
构建好的重组表达载体	□ 客户提供，（为保证实验顺利进行，请提供重组载体信息图谱及测序报告等全部信息）
	□ 由客户提供空载体序列和图谱等信息，进行重组表达载体的构建
引物序列	□ 客户提供合成好的引物和引物的碱基组成信息
	□ 客户提供序列，合成
两端插入酶切位点和位置	(_____)
□ 哺乳动物载体	报告基因　□ SARS-CoV-2 N　□ AP　□ LacZ　□ luciferase　□ 不带报告基因
	抗性基因　□ neo　□ zeocin　□ hygromycin　□ blasticibin　□ 其他(_____)
□ 原核宿主菌	□ BL21(DE3)　□ JM115　□ Rosetta-GAMI　□ 其他(_____)
□ 酵母宿主菌	□ SMD1168　□ GS115　□ X-33　□ 其他(_____)
□ 昆虫宿主细胞系	□ Sf 9　□ Sf 21　□ Sf High Five　□ 其他(_____)
□ 哺乳动物宿主细胞系	□ 293　□ 293T　□ NIH/3T3　□ COS-7　□ CHO　□ 其他(_____)
若客户提供构建好的表达载体	宿主菌名称：(_____)
	菌液体积：(_____)
	包含质粒：(_____)
	培养条件：(_____)
	保存温度：(_____)

续表

	膜蛋白	☐ 是　　☐ 否
	核蛋白	☐ 是　　☐ 否
	转录因子	☐ 是　　☐ 否
	毒性蛋白	☐ 是　　☐ 否
	有糖基化	☐ 是　　☐ 否
目标蛋白性质	蛋白质来源　☐ 分泌蛋白　　☐ 胞内蛋白	
	温度稳定范围:(＿＿＿＿＿＿＿＿＿＿＿＿＿)	
	pH 稳定范围:(＿＿＿＿＿＿＿＿＿＿＿＿＿)	
	pI:(＿＿＿＿＿＿＿＿＿＿＿＿＿＿)	
	分子量:(＿＿＿＿＿＿＿＿＿＿＿＿＿)	
	标签信息:(＿＿＿＿＿＿＿＿＿＿＿＿＿)	
是否需要加入 Tag	☐ 不需要 ☐ 需要(请标明需要何种标签＿＿＿)标签位置　☐ 5′端　☐ 3′端	
一步纯化方法	☐ Ni 柱亲和纯化　　　　　　　　☐ GST 柱亲和纯化 ☐ Flag 抗体纯化 Flag 标签融合蛋白　☐ Streptavidin 纯化生物素融合蛋白 ☐ 其他(＿＿＿＿＿＿＿)	
纯度鉴定方法	☐ SDS-PAGE　　　　　　☐ Western blotting(请提供目标蛋白一抗) ☐ 其他(＿＿＿＿＿＿＿)	
相关文献信息	是否有人进行过蛋白质表达研究 ☐ 是(相关研究文献:请提供 NCBI 页面链接或将原文附加在附件中) ☐ 否	
其他说明		

3. 纯化蛋白的用途

☐ 作为抗原

☐ 作为生化实验原材料

☐ 蛋白晶体结构研究

☐ 作为细胞培养添加物

☐ 其他(＿＿＿＿＿＿＿＿＿＿＿＿＿)

4. 对最终目标蛋白的要求

目标蛋白能否与纯化标签进行融合表达	☐ 目标蛋白不带纯化标签		
	☐ 目标蛋白可与以下纯化标签进行融合表达 ☐ His Tag　☐ FLAG Tag　☐ MBP　☐ GST ☐ trxA　☐ Nus　☐ Biotin　☐ SARS-CoV-2 N ☐ 其他(＿＿＿)		
	最终蛋白是否需要切除亲和标签 ☐ 需要(费用和周期相应增加)　　☐ 不需要		
	切除亲和标签所用的蛋白酶 ☐ 肠激酶/EK　(推荐使用)　☐ 凝血酶/Thrombin(推荐使用) ☐ 烟草蚀纹病毒蛋白酶/TEV		
如果形成包涵体,是否要求复性	☐ 是　　☐ 否		
蛋白质纯度要求	☐ 纯度大于80%　☐ 纯度大于90%　☐ 纯度大于95%		

续表

蛋白质需求量	需要纯化好的目标蛋白（　　　）mg
蛋白质活性	□ 需要　　□ 不需要
蛋白质活性检测	一般由客户自己检测
蛋白质再加工	□ 蛋白质复性研究　□ 去除内毒素　□ 过滤除菌　□ 冰冻干燥
进一步质量检测要求	□ N 端测序
发货要求	□ 其他缓冲液（＿＿＿＿＿＿＿＿）　□ 冻干（费用和周期相应增加） □ 默认 20mmol/LTris-HCl,pH 7.4 缓冲液
如其他特殊要求请注明	

其他需要附加说明的文字、图片、文献等：

1. 重组表达载体构建

① 计算机绘制基因重组过程。

② 引物设计　设计合适的引物序列，将设计好的引物发送给引物合成公司，完成引物合成。

③ 基因的克隆（基因合成或 PCR）　配制 PCR 体系，利用 PCR 仪器扩增出大量目的基因片段；基因合成及订购，如果没有目的基因模板，可以将目的基因序列发送给基因合成公司，完成目的基因合成。

④ 质粒提取及检测　提取质粒 pET28a（＋）；琼脂糖凝胶电泳检测，检测质粒的抽提质量；测定质粒 A_{260}、A_{280} 值，计算质粒的浓度和纯度。

⑤ 质粒酶切及检测　选择两种合适的限制性内切酶对质粒进行酶切反应来验证；琼脂糖凝胶检测酶切后的质粒。

⑥ 重组载体的构建　目的基因片段与载体连接起来形成重组载体（传统 T4 连接酶方法、一步法构建）。

⑦ 转化及重组子的验证　重组载体（连接产物）转化大肠杆菌感受态；在抗性平板进行筛选，挑取单菌落，过夜培养后进行菌落 PCR；琼脂糖凝胶电泳检测 PCR 结果；抗性平板挑选 3 个阳性单克隆菌落，提取质粒及双酶切验证；琼脂糖凝胶电泳检测；取抽提的重组载体，送测序公司进行基因测序，与目标基因比对分析。

⑧ 重组载体产品交付　根据上述实验数据，出具重组载体产品的检验报告，记录重组载体产品的质量和数量数据等；填写重组载体交货单。

2. 重组载体质检报告

重组载体质检报告详见《项目学习工作手册》。

交货单附录（以 SARS-CoV-2 中 N 蛋白为例）。

① 重组载体图谱及酶切图谱（图 9-3）。

② 外源基因测序结果（图 9-4）。

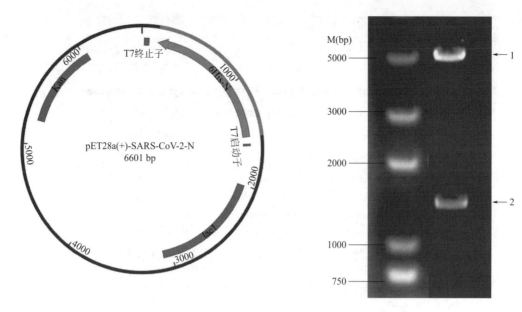

图 9-3　pET28a（＋）-N 图谱及用 *Nco* I 、*Xho* I 酶切后的片段

M—DNA 分子量标准；1、2—pET28a（＋）-N 用 *Nco* I 、*Xho* I 酶切后的片段

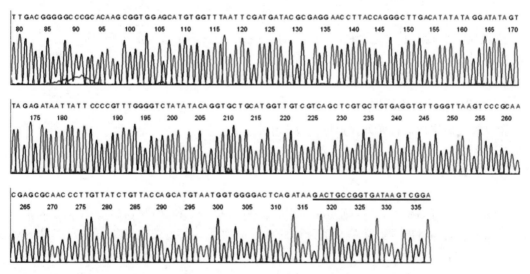

图 9-4　外源基因测序结果（部分示例）

③ 基因序列比对结果（图 9-5）。

3. 重组蛋白质诱导及表达

① 感受态制备及转化　制备表达宿主菌 *E.coli* BL21（DE3）感受态，将重组载体转化到 *E.coli* BL21（DE3）中，在抗性平板上利用蓝白斑进行筛选。

② 验证　提取质粒，酶切验证是否转化成功。

③ 重组蛋白质的诱导表达　加入 IPTG 诱导外源目的基因的大量表达。

④ 重组蛋白质的提取　收集大肠杆菌菌体，破碎细胞释放重组蛋白质，利用 Ni 填料富集纯化 His 标签重组蛋白质。

⑤ SDS-PAGE 检测重组蛋白质　利用 SDS-PAGE 凝胶电泳检测重组蛋白质的浓度和纯度。

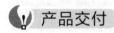

图 9-5 中的 BLAST 比对结果

Sequences producing significant alignments   Download ⌄   Manage Columns ⌄   Show 100 ⌄

☑ select all *1 sequences selected*   Graphics

Description	Max Score	Total Score	Query Cover	E value	Per. Ident	Accession
☑ SARS-CoV-2_N_gene	2527	2527	91%	0.0	100.00%	Query_53203

Distribution of the top 1 Blast Hits on 1 subject sequences

Query
1   250   500   750   1000   1250

Score	Expect	Identities	Gaps	Strand
2527 bits(1368)	0.0	1368/1368(100%)	0/1368(0%)	Plus/Plus

```
Query  62   ATGGGCAGCAGCcatcatcatcatcatcatcaCAGCAGCGGCCTGGTGCCGCGCGGC
            |||||||||||| |||||||||||||||| ||||||||||||||||||||||||||||
Sbjct  1    ATGGGCAGCAGCCATCATCATCATCATCACAGCAGCGGCCTGGTGCCGCGCGGC

Query  122  ATGGCTAGCATGACTGGTGGACAGCAAATGGGTCGCGGATCCGAATTCATGAGC
            ||||||||||||||||||||||||||||||||||||||||||||||||||||||
Sbjct  61   ATGGCTAGCATGACTGGTGGACAGCAAATGGGTCGCGGATCCGAATTCATGAGC

Query  182  GGTCCGCAAAACCAGCGTAACGCGCCGCGTATTACCTTCGGTGGTCCGAGCGAT
            ||||||||||||||||||||||||||||||||||||||||||||||||||||||
Sbjct  121  GGTCCGCAAAACCAGCGTAACGCGCCGCGTATTACCTTCGGTGGTCCGAGCGAT

Query  242  GGTAGCAACCAAAACGGCGAACGTAGCGGTGCGCGTAGCAAACAACGTCGTCCG
            ||||||||||||||||||||||||||||||||||||||||||||||||||||||
Sbjct  181  GGTAGCAACCAAAACGGCGAACGTAGCGGTGCGCGTAGCAAACAACGTCGTCCG

Query  302  CTGCCGAACAACACCGCGAGCTGGTTTACCGCGCTGACCCAGCACGGTAAAGAA
            ||||||||||||||||||||||||||||||||||||||||||||||||||||||
Sbjct  241  CTGCCGAACAACACCGCGAGCTGGTTTACCGCGCTGACCCAGCACGGTAAAGAA
```

图 9-5   测序结果与目的基因序列比对结果（示例）

⑥ 重组蛋白质浓度测定　利用 BCA 蛋白定量试剂盒测定重组蛋白质的浓度。

⑦ 缓冲液的置换及保藏　根据客户的需求，利用超滤管或透析袋更换合适重组蛋白质缓冲液，添加合适稳定剂后，将重组蛋白质产品存储在 $-80℃$ 冰箱。

4. 重组蛋白质质检报告

蛋白质表达质检报告详见《项目学习工作手册》。

产品交付

根据客户的订单要求，出具重组蛋白质产品综合报告，包括重组载体产品信息和重组蛋白质产品信息，同时出具交货单及重组蛋白质产品实物，通过快递邮寄给客户。以 SARS-CoV-2 中 N 蛋白为例。

一、产品综合报告

① 重组载体图谱及酶切图谱（同上）。

② 外源基因测序结果（同上）。

③ 基因序列比对结果（同上）。

④ 重组蛋白质纯化 SDS-PAGE 图（图 9-6、图 9-7）。

⑤ 重组蛋白质蛋白质印迹法（Western 杂交）结果（图 9-8）。

二、交货单

交货单详见《项目学习工作手册》。

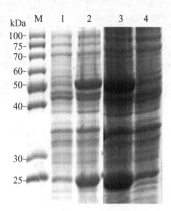

图 9-6　SDS-PAGE 检测诱导表达的 N 蛋白

M—蛋白质分子量标准；1—37℃未诱导；2—37℃诱导；3—16℃未诱导；4—16℃诱导

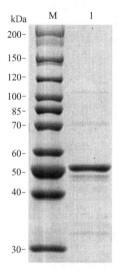

图 9-7　SDS-PAGE 检测提纯的 N 蛋白

M—蛋白质分子量标准；1—提取的 N 蛋白

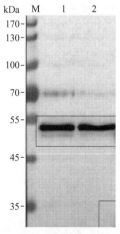

图 9-8　Western 杂交验证诱导提纯的 N 蛋白

M—蛋白质分子量标准；1—37℃诱导提取 N 蛋白；2—16℃诱导提取 N 蛋白

附录

一、常用仪器设备及使用

1. 微量移液器的使用、注意事项及日常维护

（1）使用方法

① 微量移液器的选择：根据需求选择相应的微量移液器。通常情况下选择35％～100％范围进行操作，选择这个量程对操作者的操作技巧依赖较少，同时可保证移液的准确性和精度。

② 量程的调节：遵循由大到小原则，当由大量程调至小量程时，通过调节按钮迅速调至需要量程，在接近理想值时，将微量移液器横放调至预定值。当由小量程调至大量程时，需注意先旋转超过预定值，再回调到预定值。

③ 安装吸头：采用旋转安装法，将微量移液器端垂直插入吸头，轻轻用力压，逆时针旋转180°安装，切勿用力过猛。

④ 预洗吸头：先吸取样品，然后排回样品容器，重复4～6次。

⑤ 吸液：洗液前排空吸头，将微量移液器按至第一停点，吸液时缓慢松开，切勿用力过猛，停留靠壁1～2s。

⑥ 放液：放液时吸头紧贴容器内壁并倾斜10°～40°，尽可能地放于容器底端，先将排放按钮按至第一停点，稍微停顿1s后，待剩余液体聚集后，再按至第二停点将剩余液体全部压出。

⑦ 卸去吸头：将吸头用微量移液器指定按钮退下，放入盛有消毒液的容器中。

⑧ 回调量程：将微量移液器旋至最大量程。

⑨ 放置微量：移液器将微量移液器挂在移液器架上。

（2）注意事项

① 使用前，要注意检查是否有漏液现象。

② 不要用大量程的移液器移取小体积的液体，应该选择合适的量程范围，以免影响准确度。

③ 吸液时，移液器本身不要倾斜，应该垂直吸液，慢吸慢放。

④ 装配吸头时，应选择与移液器匹配的吸头；力量要适中，用力过猛会导致吸头难以脱卸。

⑤ 带有残余液体吸头的移液器应当挂在移液器架上，不能平放。

⑥ 不要直接按到第二档吸液，一定要按到第一档并垂直进入液面几毫米后进行吸液。

如何使用
微量移液器

⑦ 不要使用丙酮或强腐蚀性的液体清洗移液器。

（3）日常维护

① 定期清洁移液器，用酒精棉擦拭手柄、弹射器及白套筒外部，降低对样品产生污染的可能性。

② 严禁用气垫式活塞移液器吸取强挥发性、强腐蚀性的液体（如浓酸、浓碱、有机物等）。在吸取强挥发性、强腐蚀性液体后，应将整支移液器拆开，用蒸馏水冲洗活塞杆及白套筒内壁，并在晾干后安装使用。

③ 严禁用移液器吹打混匀液体。

④ 所设量程在移液器量程范围内，不要将按钮旋出量程，否则会卡住机械装置，损坏移液器。

⑤ 吸有液体的移液器不应平放，否则枪头内的液体很容易污染枪内部，可能导致枪的弹簧生锈。

⑥ 移液器在每次实验后应将刻度调至最大，让弹簧恢复原形以延长移液器的使用寿命

2. 离心机的分类及使用方法

（1）离心机分类

离心机有多种多样。按用途有分析用、制备用及分析制备两用之分；按结构特点则有管式、吊篮式、转鼓式和碟式等多种；按离心机转速的不同，可分为常速（低速）、高速和超速三种。

① 常速离心机　又称为低速离心机。相对离心力（RCF）在 1×10^4 g 以下，主要用于分离细胞、细胞碎片以及培养基残渣等固形物和粗结晶等较大颗粒。常速离心机的分离形式、操作方式和结构特点多种多样，可根据需要选择使用。

② 高速离心机　相对离心力达 $1\times10^4\sim1\times10^5$ g，主要用于分离各种沉淀物、细胞碎片和较大的细胞器等。为了防止高速离心过程中温度升高而使酶等生物分子变性失活，有些高速离心机装设了冷冻装置，称为高速冷冻离心机。

③ 超速离心机　相对离心力达 5×10^5 g 甚至更高。超速离心机的精密度相当高：为了防止样品液溅出，一般附有离心管帽；为防止温度升高，均有冷冻装置和温度控制系统；为了减少空气阻力和摩擦，设置有真空系统。此外还有一系列安全保护系统、制动系统及各种指示仪表等。

（2）普通离心机的使用方法

① 使用前检查离心机各旋钮是否在规定的位置上，即电源在关的位置上，速度按钮在零位。

② 离心前先将待离心的物质转移到大小合适的离心管内，盛量不宜过多，以免溢出。将此离心管放入外套管，再在离心管与外套管间加缓冲用水。

③ 将上述盛有液体的离心管，连同套管放在天平上平衡，如不平衡可调整离心管内液体以及缓冲水的量使之达到平衡。

④ 将平衡好的离心管对称地放入离心机中，盖严离心机机盖。

⑤ 开动离心机时，先打开电源开关，然后慢慢拨动速度旋钮，使速度逐渐增加。直到增加到所需转速时，同时调节定时旋钮，设定离心时间。

⑥ 当达到离心时间时，关闭启动开关，再调节速度旋钮，进行减挡降速，最后将旋钮

拨到"0"，待离心机自动停止后，打开离心机机盖，取出样品。

⑦ 使用完毕，将套管中的橡皮垫洗净并冲洗外套管和离心管，倒立放置使其干燥。

（3）高速离心机与超速离心机的使用方法

高速与超速离心机是生物化学实验教学和科研的重要精密设备，因其转速高，产生的离心力大，使用不当或缺乏定期的检修和保养，都可能发生严重事故，因此使用离心机时必须遵守操作规程。

① 使用各种离心机时，必须事先在天平上精确地平衡离心管和其内容物，平衡时质量之差不得超过各个离心机说明书上所规定的范围，每个离心机不同的转头有各自的允许差值。转头中绝对不能装载单数的管子，当转头中部分装载时，管子必须互相对称地放在转头中，以便使负载均匀地分布在转头的周围。

② 装载溶液时，要根据各种离心机的具体操作说明进行，根据待离心液体的性质及体积选用适合的离心管，有的离心管无盖，液体不得装得过多，以防离心甩出，造成转头不平衡、生锈或被腐蚀，而制备型超速离心机的离心管，则常常要求必须将液体装满，以免离心时塑料离心管的上部凹陷变形。每次使用后，必须仔细检查转头，及时清洗、擦干，转头是离心机中需重点保护的部件，搬动时要小心，不能碰撞，避免造成伤痕，转头长时间不用，要涂上一层上光蜡保护，严禁使用显著变形、损伤或老化的离心管。

③ 若要在低于室温的温度下离心，转头在使用前应放置在冰箱或置于离心机的转头室内预冷。

④ 离心过程中操作人员不能随意离开，应随时观察离心机上的仪表是否正常工作，如有异常的声音应立即停机检查，及时排除故障。

⑤ 每个转头各有其最高允许转速和使用累积时限，使用转头时要查阅说明书，不得过速使用。

⑥ 安全措施。由于离心机的高速旋转会产生极大的力，如使用不当可造成极其危险的隐患。为了安全起见，不要使用没有安全锁的老式离心机或锁装置已损坏的离心机。尤其注意确保头发及衣服远离旋转部件。

3. PCR 仪的使用及保养

PCR 仪型号多样，具体操作方式也有差异，但基本上都包括开机、设定程序、运行程序三个步骤。现以 ABI proflex 为例，介绍其具体使用步骤。

（1）使用方法

① 开机　打开 PCR 仪的电源，需等待一小段时间，大概几十秒，仪器程序开始初始化。初始化完成后，显示主菜单，仪器使用触摸屏控制，点击屏幕上的图标可以建立及运行PCR 程序。

② 建立新程序　点击New Methods，进入下一界面，点击Open Template进入创建程序界面，可以通过已存在的模板创建程序，如果没有使用其中的模板，请选择Blank Template，再选择General PCR进入下一界面。

③ 温度、时间、循环和体积等的设置　点击Edit进入Edit界面，可以通过点击页面上的温度、时间、热盖温度、反应体积和循环数，来设定每个步骤时间和温度；点击Save保存当前程序，可以设定程序名称、保存位置。程序保存后选择模块，直接运行程序。

④ 添加步骤和阶段　点击Manage Stages进入下一界面，点击Add Stage出现＋，点击＋则在该阶段之前添加一个相同的阶段，点击Remove Stage在程序界面上出现－，点击－

则移除当前阶段；点击Add step出现＋，点击＋则在该步骤之前添加一个相同的步骤，点击Remove Step在程序界面上出现－，点击－则移除当前步骤。

⑤ 高级设置　点击Advanced Options进入高等设置界面，点击Simulation Mode进入模拟界面，可以选择需要模拟的机器。当选择模拟机器时，仪器的变温速率是不可以调整的。

⑥ 运行已有的程序　点击Open method，进入Select Method菜单项，选择左侧的文件夹"Public"，查看文件夹中的程序，选择要运行的程序直接点击，进入程序界面，在此界面下也可以对程序进行编辑，如果无需编辑则选择要使用的模块，直接点击Start Run，运行当前程序。程序运行过程中，仪器屏幕上可以显示 PCR 孔中目前温度和剩余时间；轻触时间按键进入下一界面，在当前界面下，Details项下，可以查看运行 ID、模拟机器、开始时间、剩余时间等数据；Edit项下，可以点击Skip跳过当前步骤；在升降温阶段，不可以跳过，点击Pause可以暂停运行程序，Resume可以继续暂停程序，Stop Run停止当前运行程序。

⑦ 反应报告　PCR 反应结束后，打开热盖，取出样品，关闭仪器电源，并开盖放置，使热盖和加热模块正常降温。

（2）注意事项

① 电源电压不能波动太大，以免损坏机内器件，否则应考虑加装稳压电源。

② 在运行程序过程中，禁止用切断电源的方式结束实验，原因有两个：其一，对执行程序不利；其二，电源切断后，风机停转，元件散热不畅，易积热损坏。

③ 样品温度探头在使用的过程中，应加有少许矿物油等不易挥发液体。加油要适量，浸没电极头即可，禁止加水及其他易挥发液体；禁止不加油使用，以免电极头受热不均，积热损坏。平时应注意探头有无破裂，及探头内油是否外漏。

④ 应避免使用紫外线消毒，以防止破坏 LCD 液晶显示屏，使用过程中，应避免硬性物体磕碰、划伤，以免损坏。

⑤ 清洗基座时，应避免液体进入机器内部，在做实验过程中，也许加有放射性物质，在清洗时应格外小心。不宜在潮湿、暴晒的环境中使用。

4. 凝胶成像系统的使用及保养

（1）使用方法

① 打开总电源开关（位于凝胶分析仪右侧），电源指示灯亮。

② 将染色后的凝胶用水冲洗后，放在透射样品台正中，并关严暗箱抽屉。

③ 双击电脑桌面上的"GelPro32"快捷方式。

④ 录入信息或者直接点击"确认"进入软件。

⑤ 点击Enter打开拍摄程序。

⑥ 系统出现拍摄界面表示安装成功，可以开始成像操作。

⑦ 打开反射灯开关，调节光圈大小，使画面内能观察到图像；在计算机显示屏上观察凝胶是否已全部在显示区域内；如凝胶位置不在画面中央，请重新移动凝胶位置；如画面内未能将凝胶拍全，请调节变焦。

⑧ 关闭反射灯开关，打开透射灯开关；观察计算机上显示的图像，重新调节光圈大小，注意避免图像过亮出现光晕。调节焦距，使图像清晰；单击右下角的"扫描图像"，点击"扫描"形成文件；退出扫描对话框，将直接进入软件分析，系统自动关闭所有光源，退出拍摄程序。

（2）注意事项

① 开关抽屉时防止将 EB 沾在抽屉或暗箱上，如不慎沾上 EB，擦干后用水冲洗。

② 透射板紫外灯寿命有限，调整图像后及时成像。

③ 若长时间不进行操作，机箱总电源将在 10min 后关闭。

④ 拍摄时，请注意不要将过量的缓冲液倾倒在投射底座上。

⑤ 凝胶应及时清理，防止凝胶固化后贴附在透射板上，造成成像不清晰。

⑥ 实验完毕以后请不要将暗箱式抽屉完全关闭，以保证暗箱内空气畅通。

⑦ 请勿用该电脑处理文档等，如需拷贝图片，请将移动盘格式化后再插入。

⑧ 请注意保管好软件加密狗和软件光盘，以免遗失。

5. 电泳仪的使用及注意事项

电泳技术是分子生物学不可缺少的重要分析手段。它在基础理论、农业、工业、医药卫生、法医学、商检、教育以及国防科研等实践中有着广泛的用途。可以用电泳方法进行定量分析，或者将一定的混合物分离成各种组分以及做少量制备。

（1）使用方法

① 首先确定仪器电源开关是在关位。

② 连接电源线，确定电源插座是否接地保护。

③ 将黑红两种颜色的电极线对应插入仪器输出插口，并与电泳槽相同颜色插口连接好。

④ 确定电泳槽中已放置好试剂。

⑤ 电压和电流调整，恒压调整：先将电压调好，再将电流调至约 150mA 处，然后打开电源开关，输出电压将与所选电压相符，恒压指示灯亮。恒流调整：先将电流调好，再将电压调至约 300V 处，然后打开电源开关，输出电流将与所选电流相符，恒流指示灯亮。

⑥ 电泳仪可在工作时随时调整输出电压和电流。如果是恒流输出，则将电流调节为 0，将电压调节为最大，然后开机，此时缓缓调节电流旋钮，直到调整至所需值。如果是恒压输出，则将电压调节为 0，将电流调节为最大，然后开机，缓缓调节电压旋钮至所需值。

（2）注意事项

① 请勿让电解质溶液进入仪器内部。

② 电极线按要求连接。

③ 使用中发现异常应立即关机。

④ 电泳槽在通电中，不要用手接触槽内的任何位置，以防触电。

6. 真空冷冻干燥机的使用及注意事项

真空冷冻干燥机是将含水物品预先冻结，然后使之在真空状态下升华而获得干燥品的一种方法。经冷冻干燥的物品原有的化学、生物特性基本不变，易于长期保存，加水后能恢复到冻干前的形态，并且能保持其原有的生化特性。因此，真空冷冻干燥机在化学工业、食品工业、生物制品等领域得到广泛应用。

（1）使用方法

一般冷冻干燥前，将待干燥的物品置于低温冰箱或液氮中，使物品完全冰冻结实后，方可冷冻干燥。

开机操作。

① 打开总开关，同时打开制冷机开关和真空计开关；调满度旋钮至 100，使真空表指针位于满刻度即 10^5 处（此旋钮在冷冻干燥过程中不能再动）。

② 为使结冰器具有充分吸附水分的能力，预冷时间不少于 30min。

③ 预冷结束后，将已准备好的待干燥物品置于干燥盘中，再将有机玻璃筒罩上，要严密，不漏气。

④ 将放气阀关紧，打开真空泵开关，冷冻干燥过程开始进行。在真空泵整个运转过程中，应少量旋开泵上的气镇阀，其作用是可净化进入泵内的少量水分或其他挥发性物质，以延长泵油寿命。

关机操作。

① 首先停真空泵，打开放气阀，使空气缓慢进入冷阱。

② 将物品取出、保存。

③ 关真空计、制冷机开关，冷冻干燥过程结束。

④ 清理冷阱内的水分和杂质，妥善保养设备，真空泵不用时应该关上出气嘴，以防脏物进入。

（2）注意事项

① 环境温度不宜太高，以不超过 30℃为好。

② 主机与真空泵连接时可在接头上涂抹适量真空脂，再用卡箍卡紧，即可保证密封。

③ 橡胶密封圈使用前可用乙醇擦净，再薄薄地涂上一层真空脂或凡士林，有利于密封。

④ 每次用真空泵干燥后，冷阱管上的冰或水要清除干净。

⑤ 真空泵是整个设备的重要组成部分，一定要注意保养和维护，特别是泵油要定期更换。

⑥ 操作过程中切勿频繁开关，如因操作失误造成压缩机停止，不能立即启动，至少要等 3min 后方可再次启动，以免压缩机损坏。

7. 高压蒸汽灭菌锅的使用及注意事项

高压蒸汽灭菌锅，可分为手提式高压灭菌锅和立式高压灭菌锅，是利用电热丝加热水产生蒸汽，并能维持一定压力的装置。主要由一个可以密封的桶体、压力表、排气阀、安全阀、电热丝等组成。适用于医疗卫生、科研、农业等单位，对医疗器械、敷料、玻璃器皿、溶液培养基等进行消毒灭菌，是理想的设备。

（1）使用方法

① 在外层锅内加适量的水，将需要灭菌的物品放入内层锅，盖好锅盖并对称地扭紧螺旋。

② 加热使锅内产生蒸汽。当压力表指针达到 33.78kPa 时，打开排气阀，将冷空气排出，此时压力表指针下降，当指针下降至零时，将排气阀关好。

③ 继续加热，锅内蒸汽增加，压力表指针又上升，当锅内压力增加到所需压力时，将火力减小，按所灭菌物品的特点，使蒸汽压力维持所需压力一定时间，然后将灭菌器断电或断火，让其自然冷却后再慢慢打开排气阀以排除余气，然后才能开盖取物。

（2）注意事项

① 待灭菌的物品放置不宜过挤。

② 必须将冷空气充分排除，否则锅内温度达不到规定温度，影响灭菌效果。

③ 灭菌完毕后，不可放气减压，否则瓶内液体会剧烈沸腾，冲掉瓶塞而外溢甚至导致容器爆裂。须待灭菌器内压力降至与大气压相等后才可开盖。

④ 现在已有微电脑控制的自动高压蒸汽灭菌锅，只需放去冷气后，仪器即可自动恒压定时，时间一到则自动切断电源并鸣笛，使用起来很方便。

8. 恒温培养箱的使用及注意事项

主要用于医疗卫生、医药工业、生物化学、工业生产及农业科学等科研部门进行微生物培养、育种、发酵及其他恒温实验。

（1）使用方法

① 开启箱门放好试样，关好箱门。

② 通电，打开电源开关，红色指示灯亮，开始加热。按下"设定选择"开关，调节"设定调节"旋钮，待数值显示所需工作温度值，复置"设定选择"开关。

③ 升温时，绿灯亮；恒温时，红灯亮。当温度升到所需温度时，红绿灯交替跳跃，进入恒温状态，此时箱温度应以箱顶温度计指示为准。

（2）注意事项

① 试验物放置不宜过挤，使空气畅通，平均受热。

② 用毕，将电源全部切断。

③ 保持箱内清洁，使用时不得擅自离开，以防意外。

④ 切勿将易燃易爆物品及挥发性物品放入箱内加热。箱体附近不可放置易燃物品。

⑤ 仪器必须有良好的接地线。

二、基因操作技术常用溶液的配制

1. 溶液 I（质粒提取用）

① 量取下列溶液，置于 1L 烧杯中。

成分及终浓度	配制 1L 溶液各成分的用量/mL
1mol/L Tris-HCl(pH 8.0)	25
0.5mol/L EDTA(pH 8.0)	20
20％葡萄糖(1.11mol/L)	45
dH$_2$O	910

② 高温高压灭菌后，4℃保存。

③ 使用前每 50mL 的溶液 I 中加入 2mL 的 RNase A（20mg/mL）。

2. 溶液 II（质粒提取用）

① 量取下列溶液，置于 500mL 烧杯中。

成分及终浓度	配制 500mL 溶液各成分的用量/mL
10％ SDS	50
2mol/L NaOH	50

② 加灭菌水定容至 500mL，充分混匀。

③ 室温保存。此溶液保存时间最好不要超过一个月。

注意：SDS 易产生气泡，不要剧烈搅拌。

3. 溶液 Ⅲ（质粒提取用）

① 称量下列试剂，置于 500mL 烧杯中。

成分及终浓度	配制 500mL 溶液各成分的用量
CH_3COOK	147g
CH_3COOH	57.5mL

② 加入 300mL 去离子水后搅拌溶解。
③ 加入去离子水将溶液定容至 500mL。
④ 高温高压灭菌后，4℃保存。

4. Tris-HCl 缓冲液

1mol/L Tris-HCl 的配制：将 121g 的 Tris 碱溶解于约 0.9L 水中，再根据所要求的 pH（25℃下）加一定量的浓盐酸（11.6mol/L），用水调整终体积至 1L。

浓盐酸的体积/mL	pH	浓盐酸的体积/mL	pH
8.6	9.0	46	8.0
14	8.8	56	7.8
21	8.6	66	7.6
28.5	8.4	71.3	7.4
38	8.2	76	7.2

5. TE，pH 8.0（用于悬浮和贮存 DNA）

成分及终浓度	配制 100mL 溶液各成分的用量
10mmol/L Tris-HCl	1mL 1mol/L Tris-HCl(pH 7.4~8.0,25℃)
1mmol/L EDTA	200μL 0.5mol/L EDTA(pH 8.0)
水	98.8mL

6. 磷酸缓冲液

（1）25℃下 0.1mol/L 磷酸钾缓冲液的配制

pH	1mol/L K_2HPO_4/mL	1mol/L KH_2PO_4/mL
5.8	8.5	91.5
6.0	13.2	86.8
6.2	19.2	80.8
6.4	27.8	72.2
6.6	38.1	61.9
6.8	49.7	50.3
7.0	61.5	38.5
7.2	71.7	28.3
7.4	80.2	19.8
7.6	86.6	13.4
7.8	90.8	9.2
8.0	94.0	6.2

（2）25℃下 0.1mol/L 磷酸钠缓冲液的配制

pH	1mol/L Na$_2$HPO$_4$/mL	1mol/L NaH$_2$PO$_4$/mL
5.8	7.9	92.1
6.0	12.0	88.0
6.2	17.8	82.2
6.4	25.5	74.5
6.6	35.2	64.8
6.8	46.3	53.7
7.0	57.7	42.3
7.2	68.4	31.6
7.4	77.4	22.6
7.6	84.5	15.5
7.8	89.6	10.4
8.0	93.2	6.8

用蒸馏水将混合的两种 1mol/L 贮存液稀释至 1000mL，根据 Henderson-Hasselbalch 方程计算其 pH：

pH＝pK′＋lg（[质子受体]/[质子供体]），其中，pK′＝6.86(25℃)。

7. 常用的电泳缓冲液

（1）50×Tris-乙酸（TAE）缓冲液

成分及终浓度	配制 1L 溶液各成分的用量
2mol/L Tris 碱	242g
1mol/L 乙酸	57.1mL 的冰乙酸(17.4mol/L)
100mmol/L EDTA	200mL 的 0.5mol/L EDTA(pH 8.0)
水	补足至 1L

（2）5×Tris-硼酸（TBE）缓冲液

成分及终浓度	配制 1L 溶液各成分的用量
445mmol/L Tris 碱	54g
445mmol/L 硼酸盐	27.5g 硼酸
10mmol/L EDTA	20mL 的 0.5mol/L EDTA(pH 8.0)
水	补足至 1L

8. 胶加样缓冲液

（1）6×碱性凝胶上样液（室温贮存）

成分及终浓度	配制 10mL 溶液各成分用量
0.3mol/L 氢氧化钠	300μL 10mol/L 氢氧化钠
6mmol/L EDTA	120μL 0.5mol/L EDTA(pH 8.0)

成分及终浓度	配制 10mL 溶液各成分用量
18%聚蔗糖(400 型)	1.8g
0.15%溴甲酚绿	15mg
0.25%二甲苯青 FF	25mg
水	补足到 10mL

（2）6×聚蔗糖凝胶上样液（室温贮存）

成分及终浓度	配制 10mL 溶液各成分用量
0.15%溴酚蓝	1.5mL 1%溴酚蓝
5mmol/L EDTA	100μL 0.5mol/L EDTA(pH 8.0)
15%聚蔗糖(400 型)	1.5g
0.15%二甲苯青 FF	1.5mL 1%二甲苯青 FF
水	补足到 10mL

（3）6×溴酚蓝/二甲苯青/聚蔗糖凝胶上样液（室温贮存）

成分及终浓度	配制 10mL 溶液各成分用量
0.25%溴酚蓝	2.5mL 1%溴酚蓝
0.25%二甲苯青 FF	2.5mL 1%二甲苯青 FF
15%聚蔗糖(400 型)	1.5g
水	补足到 10mL

（4）6×甘油凝胶上样液（4℃贮存）

成分及终浓度	配制 10mL 溶液各成分用量
0.15%溴酚蓝	1.5mL 1%溴酚蓝
0.15%二甲苯青 FF	1.5mL 1%二甲苯青 FF
5mmol/L EDTA	100μL 0.5mol/L EDTA(pH 8.0)
50%甘油	3mL
水	3.9mL

（5）6×蔗糖凝胶上样液（室温贮存）

成分及终浓度	配制 10mL 溶液各成分用量
0.15%溴酚蓝	1.5mL 1%溴酚蓝
0.15%二甲苯青 FF	1.5mL 1%二甲苯青 FF
5mmol/L EDTA	100μL 0.5mol/L EDTA(pH 8.0)
40%聚蔗糖	4g
水	补足到 10mL

（6）10×十二烷基硫酸钠/甘油凝胶上样液（室温贮存）

成分及终浓度	配制 10mL 溶液各成分用量
0.2%溴酚蓝	20mg
0.2%二甲苯青 FF	20mg
200mmol/L EDTA	4mL 0.5mol/L EDTA(pH 8.0)
0.1%SDS	100μL 10% SDS
50%甘油	5mL
水	补足到 10mL

9. 常用抗生素溶液

抗生素	贮存液浓度[a]	保存条件/℃	工作浓度/(μg/mL)	
			严紧型质粒	松弛型质粒
氨苄青霉素	50mg/mL(溶于水)	−20	20	60
羧苄青霉素	50mg/mL(溶于水)	−20	20	60
氯霉素	34mg/mL(溶于乙醇)	−20	25	170
卡那霉素	10mg/mL(溶于水)	−20	10	50
链霉素	10mg/mL(溶于水)	−20	10	50
四环素[b]	5mg/mL(溶于乙醇)	−20	10	50

注：a. 以水为溶剂的抗生素贮存液通过 0.22μm 滤器过滤除菌。以乙醇为溶剂的抗生素溶液无须除菌处理。所有抗生素溶液均应放于不透光的容器保存。

b. 镁离子是四环素的拮抗剂，四环素抗性菌的筛选应使用不含镁盐的培养基（如 LB 培养基）。

三、常用核酸蛋白质换算数据

1. 质量换算

$1\mu g = 10^{-6} g$ 　　　　 $1pg = 10^{-12} g$

$1ng = 10^{-9} g$ 　　　　 $1fg = 10^{-15} g$

2. DNA 分光光度与浓度换算

$A_{260}(OD_{260}) = 1$，双链 DNA $= 50\mu g/mL$ DNA

$A_{260}(OD_{260}) = 1$，单链 DNA $= 30\mu g/mL$ DNA

$A_{260}(OD_{260}) = 1$，单链 RNA $= 40\mu g/mL$ DNA

3. DNA 质量与物质的量换算

$1\mu g$ 100bp DNA $= 1.52pmol$（单链 DNA）$= 3.03pmol$（双链 DNA）

$1\mu g$ pBR322 DNA $= 0.36pmol$ pBR322

$1pmol$ 1000bp DNA $= 0.66\mu g$ DNA

$1pmol$ pBR322 $= 2.8\mu g$ pBR322

1kb 双链 DNA（钠盐）$= 6.6 \times 10^5$ Da DNA

1kb 单链 DNA（钠盐）$= 3.3 \times 10^5$ Da DNA

1kb 单链 RNA（钠盐）＝3.4×10^5 Da DNA

4. 蛋白质物质的量与质量换算

100pmol 分子量为 100000 的蛋白质＝$10 \mu g$ 蛋白质

100pmol 分子量为 50000 的蛋白质＝$5 \mu g$ 蛋白质

100pmol 分子量为 1000 的蛋白质＝$1 \mu g$ 蛋白质

氨基酸的平均分子质量＝126.7Da

5. 蛋白质/DNA 换算

1kb DNA＝333 个氨基酸编码容量＝分子量为 3.7×10^4 的蛋白质

分子量为 10000 的蛋白质＝270bp DNA

分子量为 30000 的蛋白质＝810bp DNA

分子量为 50000 的蛋白质＝1.35kb DNA

分子量为 100000 的蛋白质＝2.7kb DNA

6. 常用蛋白质分子量标准参照物

高分子量标准参照		中分子量标准参照		低分子量标准参照	
肌球蛋白	212000	磷酸化酶 B	97400	碳酸酐酶	3100
β-半乳糖苷酶 B	116000	牛血清白蛋白	66200	大豆胰蛋白酶抑制剂	21500
磷酸化酶 B	97400	谷氨酶脱氢酶	55000	马心肌球蛋白	16900
牛血清白蛋白	66200	卵白蛋白	42700	溶菌酶	14400
过氧化氢酶	57000	醛缩酶	40000	肌球蛋白（F1）	8100
醛缩酶	40000	碳酸酐酶	31000	肌球蛋白（F2）	6200
		大豆胰蛋白酶抑制剂	21500	肌球蛋白（F3）	2500
		溶菌酶	14400		

参 考 文 献

[1] 孙明.基因工程.第2版.北京：高等教育出版社，2013.

[2] 安建平，王延璞.生物化学与分子生物学实验技术教程.兰州：兰州大学出版社，2005.

[3] 吴建祥，李桂新.分子生物学实验.杭州：浙江大学出版社，2014.

[4] 汪峻.基因操作技术.武汉：华中师范大学出版社，2010.

[5] 徐晋麟，陈淳，徐沁.基因工程原理.北京：科学出版社，2007.

[6] 张虎成.基因操作技术.北京：化学工业出版社，2010.

[7] 彭加平，田锦张.基因操作技术.北京：化学工业出版社，2013.

[8] J.萨姆布鲁克，D.W.拉塞尔.分子克隆实验指南.第3版.黄培堂，等，译.北京：科学出版社，2013.

[9] 樊龙江.生物信息学.杭州：浙江大学出版社，2017.

[10] 李德山.基因工程制药.北京：化学工业出版社，2010.

[11] 张惠展，欧阳立明，叶江.基因工程.第3版.北京：高等教育出版社，2015.

基因操作技术项目学习工作手册

鞠守勇　主编

化学工业出版社

·北京·

基因操作技术项目学习工作手册

鞠守勇　主编

化学工业出版社

·北京·

目 录

项目一　计算机模拟构建重组载体 …………………………………………………………… 1

项目二　总 DNA 的提取和检测 ……………………………………………………………… 9

项目三　质粒的提取及检测 …………………………………………………………………… 17

项目四　mRNA 提取和 cDNA 制备 ………………………………………………………… 25

项目五　体外扩增目的基因 …………………………………………………………………… 33

项目六　构建含有外源基因的重组载体 ……………………………………………………… 41

项目七　重组载体转化大肠杆菌 ……………………………………………………………… 49

项目八　目的基因在大肠杆菌中的表达及纯化 ……………………………………………… 57

项目九　综合性生产实训——以新型冠状病毒核衣壳蛋白的表达为例 …………………… 65

项目一　计算机模拟构建重组载体

班级＿＿＿＿＿＿组别＿＿＿＿＿＿姓名＿＿＿＿＿＿

作业流程单

流程	操作要求
确认基因名称	
确认克隆的载体	
根据要求查找序列	
确认目的序列	
设计基因克隆方案	
用 SnapGene 构建克隆	
确认构建的克隆	
保存信息	

工作计划及任务分工表

工作内容	完成时间	责任人	备注

材料申领单

耗料	规格	数量	备注	试剂	规格	数量	备注

过程记录表

重要步骤	现象
确认基因名称	
确认克隆的载体	
根据要求查找序列	
确认目的序列	
设计基因克隆方案	
用 SnapGene 构建克隆	
确认构建的克隆	
数据的保存	

结果记录表

项目	结果描述	判定结果 （优/良/中/差）
查找的基因序列		
限制性内切酶位点		
开放阅读框的完整性		
插入载体的位置		
克隆完成后数据的保存		

结果粘贴处：

客户交货单

订单信息	订单号			客户姓名	
	客户单位				
	邮箱地址			联系电话	
	送货地址				

	项目名称	结果	标准
检测项目			

复盘提升

重要步骤	成功或失败(√或×)	经验教训
确认基因名称		
确认克隆的载体		
根据要求查找序列		
确认目的序列		
设计基因克隆方案		
用 SnapGene 构建克隆		
确认构建的克隆		
数据的保存		

（1）怎么得到 SARS-COV-2 N 的氨基酸序列？

（2）为什么设计限制性内切酶酶切位点时，选择 $Nco\,\mathrm{I}$ 和 $Xho\,\mathrm{I}$？

（3）在 GenBank 中找到 IL-6 的序列，构建 pET28a（＋）-N 重组载体。

项目二　总 DNA 的提取和检测

班级_____组别_____姓名_____

作业流程单

流程	操作要求
配制试剂.准备耗材	
培养大肠杆菌	
收集菌体	
裂解菌体	
NaCl 除蛋白质	
苯酚氯仿异戊醇沉淀蛋白质	
乙醇沉淀	
70% 乙醇漂洗	
溶解总 DNA	
紫外分光光度计测定 DNA 的浓度	
制备琼脂糖凝胶	
琼脂糖凝胶电泳	
EB 染色	
紫外下观察	

工作计划及任务分工表

工作内容	完成时间	责任人	备注

材料申领单

耗材	规格	数量	备注	试剂	规格	数量	备注

过程记录表

重要步骤	现象
配制试剂,准备耗材	
培养大肠杆菌	
收集菌体	
裂解菌体	
NaCl 除蛋白质	
苯酚氯仿异戊醇沉淀蛋白质	
乙醇沉淀	
70% 乙醇漂洗	
溶解总 DNA	
紫外分光光度计测定 DNA 的浓度	
制备琼脂糖凝胶	
琼脂糖凝胶电泳	
EB 染色	
紫外下观察	

结果记录表

项目	结果描述	判定结果 （优/良/中/差）
OD_{260}/OD_{280}		
浓度		
总 DNA 降解情况		
RNA 去除情况		
marker 跑胶情况		

结果粘贴处：

客户交货单

订单信息	订单号		客户姓名	
	客户单位			
	邮箱地址		联系电话	
	送货地址			

	项目名称	结果	标准
检测项目			

附：电泳图片

复盘提升

重要步骤	成功或失败(√ 或×)	经验教训
配制试剂,准备耗材		
培养大肠杆菌		
收集菌体		
裂解菌体		
NaCl 除蛋白质		
苯酚氯仿异戊醇沉淀蛋白质		
乙醇沉淀		
70% 乙醇漂洗		
溶解总 DNA		
紫外分光光度计测定 DNA 的浓度		
制备琼脂糖凝胶		
琼脂糖凝胶电泳		
EB 染色		
紫外下观察		

（1）请绘制总 DNA 提取的步骤。

（2）请总结 DNA 检测的方法。

（3）请总结 DNA 提取的注意事项。

项目三　质粒的提取及检测

班级＿＿＿＿＿＿　组别＿＿＿＿＿＿　姓名＿＿＿＿＿＿

作业流程单

流程	操作要求
配制试剂,准备耗材	
培养大肠杆菌	
收集菌体	
加入溶液 I	
加入溶液 II	
加入溶液 III	
乙醇沉淀	
70% 乙醇漂洗	
溶解质粒 DNA	
紫外分光光度计测定 DNA 的浓度	
制备琼脂糖凝胶	
琼脂糖凝胶电泳	
EB 染色	
紫外下观察	

工作计划及任务分工表

工作内容	完成时间	责任人	备注

材料申领单

耗材	规格	数量	备注	试剂	规格	数量	备注

过程记录表

重要步骤	现象
配制试剂,准备耗材	
培养大肠杆菌	
收集菌体	
加入溶液 I	
加入溶液 II	
加入溶液 III	
乙醇沉淀	
70% 乙醇漂洗	
溶解质粒 DNA	
紫外分光光度计测定 DNA 的浓度	
制备琼脂糖凝胶	
琼脂糖凝胶电泳	
EB 染色	
紫外下观察	

19

结果记录表

项目	结果描述	判定结果 (优/良/中/差)
OD_{260}/OD_{280}		
浓度		
条带数目		
质粒降解情况		
RNA 去除情况		
marker 跑胶情况		

结果粘贴处：

客户交货单

订单信息	订单号		客户姓名	
	客户单位			
	邮箱地址		联系电话	
	送货地址			

检测项目	项目名称	结果	标准

附：电泳图片

复盘提升

重要步骤	成功或失败(√或×)	经验教训
配制试剂,准备耗材		
培养大肠杆菌		
收集菌体		
加入溶液Ⅰ		
加入溶液Ⅱ		
加入溶液Ⅲ		
乙醇沉淀		
70%乙醇漂洗		
溶解质粒DNA		
紫外分光光度计测定DNA的浓度		
制备琼脂糖凝胶		
琼脂糖凝胶电泳		
EB染色		
紫外下观察		

(1) 碱裂解法抽提质粒 DNA 时，溶液 I、溶液 II 和溶液 III 的作用各是什么？

(2) 琼脂糖凝胶电泳结果中质粒有几条带？为什么会出现这种现象？

项目四 mRNA 提取和 cDNA 制备

班级_____组别_____姓名_____

作业流程单

流程	操作要求
配制试剂,准备耗材	
收集组织材料	
提取总 RNA	
RNA 纯度和浓度检测	
RNA 完整性检测	
mRNA 提取	
cDNA 合成	

工作计划及任务分工表

工作内容	完成时间	责任人	备注

材料申领单

耗材	规格	数量	备注	试剂	规格	数量	备注

过程记录表

重要步骤	现象
配制试剂,准备耗材	
收集组织材料	
提取总 RNA	
RNA 纯度和浓度检测	
RNA 完整性检测	
mRNA 提取	
cDNA 合成	

结果记录表

项目	结果描述	判定结果 (优/良/中/差)
OD_{260}/OD_{280}		
浓度		
条带数目		
marker 跑胶情况		

结果粘贴处：

客户交货单

订单信息	订单号		客户姓名	
	客户单位			
	邮箱地址		联系电话	
	送货地址			

检测项目	项目名称	结果	标准

附：电泳图片

复盘提升

重要步骤	成功或失败(√或×)	经验教训
配制试剂,准备耗材		
收集组织材料		
提取总RNA		
RNA纯度和浓度检测		
RNA完整性检测		
mRNA提取		
cDNA合成		

（1）与 DNA 抽提相比，为何抽提 RNA 时操作要求更严格？

（2）在琼脂糖凝胶电泳结果中，真核生物总 RNA 有几条带？为什么会出现这种现象？

项目五　体外扩增目的基因

班级＿＿＿＿＿＿组别＿＿＿＿＿＿姓名＿＿＿＿＿＿

作业流程单

流程	操作要求
引物设计	
配制试剂，准备耗材	
模板提取	
加入 PCR 反应缓冲液	
加入 dNTP	
加入正向引物	
加入反向引物	
加入 Taq DNA 聚合酶	
加入去离子水	
PCR 仪中扩增	
制备琼脂糖凝胶	
琼脂糖凝胶电泳	
EB 染色	
紫外下观察	
切胶回收	
加溶胶液	
加漂洗液	
加洗脱液或去离子水	

工作计划及任务分工表

工作内容	完成时间	责任人	备注

材料申领单

耗材	规格	数量	备注	试剂	规格	数量	备注

过程记录表

重要步骤	现象
引物设计	
配制试剂,准备耗材	
模板提取	
加入 PCR 反应缓冲液	
加入 dNTP	
加入正向引物	
加入反向引物	
加入 Taq DNA 聚合酶	
加入去离子水	
PCR 仪中扩增	
制备琼脂糖凝胶	
琼脂糖凝胶电泳	
EB 染色	
紫外下观察	
切胶回收	
加溶胶液	
加漂洗液	
加洗脱液或去离子水	

结果记录表

项目	结果描述	判定结果 （优/良/中/差）
引物设计		
模板质量		
PCR 产物质量		
marker 跑胶情况		

结果粘贴处：

客户交货单

<table>
<tr><td rowspan="4">订单
信息</td><td>订单号</td><td></td><td>客户姓名</td><td></td></tr>
<tr><td>客户单位</td><td colspan="3"></td></tr>
<tr><td>邮箱地址</td><td></td><td>联系电话</td><td></td></tr>
<tr><td colspan="4">送货地址</td></tr>
<tr><td rowspan="12">检测
项目</td><td>项目名称</td><td colspan="2">结果</td><td>标准</td></tr>
<tr><td></td><td colspan="2"></td><td></td></tr>
<tr><td></td><td colspan="2"></td><td></td></tr>
<tr><td></td><td colspan="2"></td><td></td></tr>
<tr><td></td><td colspan="2"></td><td></td></tr>
<tr><td></td><td colspan="2"></td><td></td></tr>
<tr><td></td><td colspan="2"></td><td></td></tr>
<tr><td></td><td colspan="2"></td><td></td></tr>
<tr><td></td><td colspan="2"></td><td></td></tr>
<tr><td></td><td colspan="2"></td><td></td></tr>
<tr><td></td><td colspan="2"></td><td></td></tr>
<tr><td></td><td colspan="2"></td><td></td></tr>
</table>

附：PCR 电泳图片

复盘提升

重要步骤	成功或失败(√或×)	经验教训
引物设计		
配制试剂,准备耗材		
模板提取		
加入 PCR 反应缓冲液		
加入 dNTP		
加入正向引物		
加入反向引物		
加入 Taq DNA 聚合酶		
加入去离子水		
PCR 仪中扩增		
制备琼脂糖凝胶		
琼脂糖凝胶电泳		
EB 染色		
紫外下观察		
切胶回收		
加入溶胶液		
加入漂洗液		
加入洗脱液或去离子水		

（1）PCR 扩增 DNA 片段溶液体系的成分有哪些？

（2）PCR 扩增的程序有哪些，分别起到的作用是什么？

（3）PCR 扩增程序中退火温度由什么决定？如何计算退火温度？

项目六　构建含有外源基因的重组载体

班级_____组别_____姓名_____

作业流程单

流程	操作要求
配制试剂,准备耗材	
紫外分光光度计测定 DNA 的浓度	
双酶切体系的配制	
制备琼脂糖凝胶	
琼脂糖凝胶电泳	
紫外灯下切胶称重	
胶溶解	
DNA 漂洗	
DNA 洗脱	
紫外分光光度计测定 DNA 的浓度	
连接体系的配制	

工作计划及任务分工表

工作内容	完成时间	责任人	备注

材料申领单

耗材	规格	数量	备注	试剂	规格	数量	备注

过程记录表

重要步骤	现象
配制试剂,准备耗材	
紫外分光光度计测定 DNA 的浓度	
双酶切体系的配制	
酶切	
制备琼脂糖凝胶	
琼脂糖凝胶电泳	
紫外灯下切胶称重	
胶溶解	
DNA 漂洗	
DNA 洗脱	
紫外分光光度计测定 DNA 的浓度	
连接体系的配制	

结果记录表

酶切前 DNA 片段和载体		结果描述	判定结果 （优/良/中/差）
DNA 片段	OD_{260}/OD_{280}		
	浓度		
载体 DNA	OD_{260}/OD_{280}		
	浓度		
胶回收后 DNA 片段和载体		结果描述	判定结果 （优/良/中/差）
DNA 片段	OD_{260}/OD_{280}		
	浓度		
载体 DNA	OD_{260}/OD_{280}		
	浓度		

客户交货单

订单信息	订单号		客户姓名	
	客户单位			
	邮箱地址		联系电话	
	送货地址			

	项目名称	结果	标准
检测项目			

附：电泳图片

复盘提升

重要步骤	成功或失败(√或×)	经验教训
配制试剂,准备耗材		
紫外分光光度计测定 DNA 的浓度		
双酶切体系的配制		
制备琼脂糖凝胶		
琼脂糖凝胶电泳		
紫外灯下切胶称重		
胶溶解		
DNA 漂洗		
DNA 洗脱		
紫外分光光度计测定 DNA 的浓度		
连接体系的配制		

(1) 如何避免限制性内切酶的星活性？

(2) DNA 酶切失败有哪些原因？

(3) DNA 连接效率不高有哪些原因？

项目七 重组载体转化大肠杆菌

班级_____组别_____姓名_____

作业流程单

流程	操作要求
配制试剂,准备耗材	
培养大肠杆菌	
制备感受态细胞	
加入 0.1mol/L CaCl$_2$溶液	
热激法转化 *E. coli*	
挑选单菌落	
配制菌体 PCR 体系	
配制酶切反应体系	
酶切鉴定结果分析	
序列比对结果分析	

工作计划及任务分工表

工作内容	完成时间	责任人	备注

材料申领单

耗材	规格	数量	备注	试剂	规格	数量	备注

过程记录表

重要步骤	现象
配制试剂,准备耗材	
培养大肠杆菌	
制备感受态细胞	
加入 $0.1mol/L\ CaCl_2$ 溶液	
热激法转化 *E.coli*	
挑选单菌落	
配制菌体 PCR 体系	
配制酶切反应体系	
酶切鉴定结果分析	
序列比对结果分析	

结果记录表

项目	结果描述	判定结果 （优/良/中/差）
转化效率结果		
菌体 PCR 条带结果		
酶切鉴定结果		
marker 跑胶情况		

结果粘贴处：

客户交货单

<table>
<tr><td rowspan="4">订单信息</td><td>订单号</td><td></td><td>客户姓名</td><td></td></tr>
<tr><td>客户单位</td><td colspan="3"></td></tr>
<tr><td>邮箱地址</td><td></td><td>联系电话</td><td></td></tr>
<tr><td colspan="4">送货地址</td></tr>
<tr><td rowspan="11">检测项目</td><td>项目名称</td><td colspan="2">结果</td><td>标准</td></tr>
<tr><td></td><td colspan="2"></td><td></td></tr>
<tr><td></td><td colspan="2"></td><td></td></tr>
<tr><td></td><td colspan="2"></td><td></td></tr>
<tr><td></td><td colspan="2"></td><td></td></tr>
<tr><td></td><td colspan="2"></td><td></td></tr>
<tr><td></td><td colspan="2"></td><td></td></tr>
<tr><td></td><td colspan="2"></td><td></td></tr>
<tr><td></td><td colspan="2"></td><td></td></tr>
<tr><td></td><td colspan="2"></td><td></td></tr>
<tr><td></td><td colspan="2"></td><td></td></tr>
</table>

附：菌体 PCR 电泳图片

复盘提升

重要步骤	成功或失败(√或×)	经验教训
配制试剂,准备耗材		
培养大肠杆菌		
制备感受态细胞		
加入 0.1mol/L CaCl$_2$溶液		
热激法转化 *E. coli*		
挑选单菌落		
配制菌体 PCR 体系		
配制酶切反应体系		
酶切鉴定结果分析		
序列比对结果分析		

（1）热击转化的影响因素有哪些？

（2）质粒酶切前、酶切后电泳条带大小、数目有无区别？为什么会出现这种现象？

项目八　目的基因在大肠杆菌中的表达及纯化

班级_____组别_____姓名_____

作业流程单

流程	操作要求
任务一　目的基因在大肠杆菌中的诱导表达	
配制试剂,准备耗材	
培养大肠杆菌	
收集菌体	
诱导	
菌体破碎	
任务二　可溶性重组蛋白质的提取	
粗酶液预处理	
色谱柱预处理	
洗涤	
洗脱	
色谱柱保存	
任务三　SDS-聚丙烯酰胺凝胶电泳鉴定目的蛋白	
分离胶制备	
浓缩胶制备	
样品制备	
上样	
电泳	
剥胶及染色、脱色	
结果观察与分析	
任务四　重组蛋白质缓冲液的置换及保藏	
透析袋预处理	
透析	
任务五　重组蛋白质浓度测定	
校正	
待测溶液浓度测定	

工作计划及任务分工表

工作内容	完成时间	责任人	备注

材料申领单

耗材	规格	数量	备注	试剂	规格	数量	备注

过程记录表

重要步骤	现象
任务一　目的基因在大肠杆菌中的诱导表达	
配制试剂，准备耗材	
培养大肠杆菌	
收集菌体	
诱导	
菌体破碎	
任务二　可溶性重组蛋白质的提取	
粗酶液预处理	
色谱柱预处理	
洗涤	
洗脱	
色谱柱保存	
任务三　SDS-聚丙烯酰胺凝胶电泳鉴定目的蛋白	
分离胶制备	
浓缩胶制备	
样品制备	
上样	
电泳	
剥胶及染色、脱色	
结果观察与分析	
任务四　重组蛋白质缓冲液的置换及保藏	
透析袋预处理及测漏	
透析	
任务五　重组蛋白质浓度测定	
校正	
待测溶液浓度测定	

结果记录表

项目	结果描述	判定结果 （优/良/中/差）
SDS-聚丙烯酰胺凝胶电泳分析		
A_{230}		
A_{260}		
A_{280}		
A_{260}/A_{280}		
A_{260}/A_{230}		
重组蛋白质浓度		
重组蛋白质纯度		
重组蛋白质溶液体积		

结果粘贴处：

客户交货单

<table>
<tr><td rowspan="4">订单
信息</td><td colspan="2">订单号</td><td></td><td>客户姓名</td><td></td></tr>
<tr><td colspan="2">客户单位</td><td colspan="3"></td></tr>
<tr><td colspan="2">邮箱地址</td><td></td><td>联系电话</td><td></td></tr>
<tr><td colspan="5">送货地址</td></tr>
<tr><td rowspan="12">检测
项目</td><td>项目名称</td><td colspan="2">结果</td><td colspan="2">标准</td></tr>
<tr><td></td><td colspan="2"></td><td colspan="2"></td></tr>
<tr><td></td><td colspan="2"></td><td colspan="2"></td></tr>
<tr><td></td><td colspan="2"></td><td colspan="2"></td></tr>
<tr><td></td><td colspan="2"></td><td colspan="2"></td></tr>
<tr><td></td><td colspan="2"></td><td colspan="2"></td></tr>
<tr><td></td><td colspan="2"></td><td colspan="2"></td></tr>
<tr><td></td><td colspan="2"></td><td colspan="2"></td></tr>
<tr><td></td><td colspan="2"></td><td colspan="2"></td></tr>
<tr><td></td><td colspan="2"></td><td colspan="2"></td></tr>
<tr><td></td><td colspan="2"></td><td colspan="2"></td></tr>
<tr><td></td><td colspan="2"></td><td colspan="2"></td></tr>
</table>

附：SDS-聚丙烯酰胺凝胶电泳图片

复盘提升

重要步骤	成功或失败(√或×)	经验教训
任务一 目的基因在大肠杆菌中的诱导表达		
配制试剂,准备耗材		
培养大肠杆菌		
收集菌体		
诱导		
菌体破碎		
任务二 可溶性重组蛋白质的提取		
粗酶液预处理		
色谱柱预处理		
洗涤		
洗脱		
色谱柱保存		
任务三 SDS-聚丙烯酰胺凝胶电泳鉴定目的蛋白		
分离胶制备		
浓缩胶制备		
样品制备		
上样		
电泳		
剥胶及染色、脱色		
结果观察与分析		
任务四 重组蛋白质缓冲液的置换及保藏		
透析袋预处理		
透析		
任务五 重组蛋白质浓度测定		
校正		
待测溶液浓度测定		

（1）蛋白质表达水平及可溶性评估方法有哪些？

（2）镍柱亲和色谱分离纯化 His 标签融合蛋白原理、方法及注意事项是什么？

（3）蛋白质含量测定方法与原理是什么？

项目九 综合性生产实训——以新型冠状病毒核衣壳蛋白的表达为例

班级＿＿＿＿＿组别＿＿＿＿＿姓名＿＿＿＿＿

蛋白质表达、纯化服务客户需求登记表（客户填写）

订单号：	
客户基本信息登记	
联系人：	单位：
联系电话：	邮箱：
传真：	邮编：
所在课题组：	课题组负责人：
联系地址：	
1. 选择以下哪种表达体系	
□ 大肠杆菌表达系统	
□ 酵母菌表达系统	
□ 昆虫细胞表达系统	
□ 哺乳动物细胞表达系统	
□ 其他表达系统	
2. 基因及蛋白质信息	

基因名称	
GenBank 登录号	
物种来源	
编码区长度	（＿＿＿＿＿）bp
目标蛋白的基因序列	请附电子版在附件中说明
基因来源	□ 客户提供 cDNA（请提供序列及载体信息），钓取目的基因 □ 根据基因序列直接进行全基因合成 □ 根据基因序列进行密码子优化后再进行全基因合成 □ 其他方式：（＿＿＿＿＿＿＿＿＿＿＿＿＿＿＿＿＿＿）
空表达载体	□ 客户提供空表达载体（为保证实验顺利进行，请提供载体序列及图谱以及其他信息） □ 客户不提供空载体，根据客户提供的空载体序列和图谱进行表达载体构建
构建好的重组表达载体	□ 客户提供，（为保证实验顺利进行，请提供重组载体信息图谱及测序报告等全部信息） □ 由客户提供空载体序列和图谱等信息，进行重组表达载体的构建
引物序列	□ 客户提供合成好的引物和引物的碱基组成信息 □ 客户提供序列，合成
两端插入酶切位点和位置	（＿＿＿＿＿＿＿＿＿＿＿＿＿＿＿＿＿＿＿＿＿＿＿＿＿＿＿＿＿）
□ 哺乳动物载体	报告基因 □ SARS-CoV-2 N □ AP □ LacZ □ luciferase □ 不带报告基因 抗性基因 □ neo □ zeocin □ hygromycin □ blasticibin □ 其他（＿＿＿＿＿＿）
□ 原核宿主菌	□ BL21(DE3) □ JM115 □ Rosetta-GAMI □ 其他（＿＿＿＿＿）
□ 酵母宿主菌	□ SMD1168 □ GS115 □ X-33 □ 其他（＿＿＿＿＿＿）
□ 昆虫宿主细胞系	□ Sf 9 □ Sf 21 □ Sf High Five □ 其他（＿＿＿＿＿）
□ 哺乳动物宿主细胞系	□ 293 □ 293T □ NIH/3T3 □ COS-7 □ CHO □ 其他（＿＿＿＿）
若客户提供构建好的表达载体	宿主菌名称：（＿＿＿＿＿＿＿＿＿＿＿＿＿＿＿＿＿＿＿＿） 菌液体积：（＿＿＿＿＿＿＿＿＿＿＿＿＿＿＿＿＿＿＿＿＿） 包含质粒：（＿＿＿＿＿＿＿＿＿＿＿＿＿＿＿＿＿＿＿＿＿） 培养条件：（＿＿＿＿＿＿＿＿＿＿＿＿＿＿＿＿＿＿＿＿＿） 保存温度：（＿＿＿＿＿＿＿＿＿＿＿＿＿＿＿＿＿＿＿＿＿）

目标蛋白性质	膜蛋白	□ 是	□ 否
	核蛋白	□ 是	□ 否
	转录因子	□ 是	□ 否
	毒性蛋白	□ 是	□ 否
	有糖基化	□ 是	□ 否
	蛋白质来源	□ 分泌蛋白	□ 胞内蛋白
	温度稳定范围:(_____)		
	pH 稳定范围:(_____)		
	pI:(_____)		
	分子量:(_____)		
	标签信息:(_____)		
是否需要加入 Tag	□ 不需要 □ 需要(请标明需要何种标签_____)标签位置 □ 5′端 □ 3′端		
一步纯化方法	□ Ni 柱亲和纯化 □ GST 柱亲和纯化 □ Flag 抗体纯化 Flag 标签融合蛋白 □ Streptavidin 纯化生物素融合蛋白 □ 其他(_____)		
纯度鉴定方法	□ SDS-PAGE □ Western blotting(请提供目标蛋白一抗) □ 其他(_____)		
相关文献信息	是否有人进行过蛋白质表达研究 □ 是(相关研究文献:请提供 NCBI 页面链接或将原文附加在附件中) □ 否		
其他说明			

3. 纯化蛋白的用途

□ 作为抗原
□ 作为生化实验原材料
□ 蛋白晶体结构研究
□ 作为细胞培养添加物
□ 其他(_____)

4. 对最终目标蛋白的要求

目标蛋白能否与纯化标签进行融合表达	□ 目标蛋白不带纯化标签
	□ 目标蛋白可以以下纯化标签进行融合表达 □ His Tag □ FLAG Tag □ MBP □ GST □ trxA □ Nus □ Biotin □ SARS-CoV-2 N □ 其他(_____)
	最终蛋白是否需要切除亲和标签 □ 需要(费用和周期相应增加) □ 不需要
	切除亲和标签所用的蛋白酶 □ 肠激酶/EK (推荐使用) □ 凝血酶/Thrombin (推荐使用) □ 烟草蚀纹病毒蛋白酶/TEV
如果形成包涵体,是否要求复性	□ 是 □ 否
蛋白质纯度要求	□ 纯度大于 80% □ 纯度大于 90% □ 纯度大于 95%

蛋白质需求量	需要纯化好的目标蛋白( )mg
蛋白质活性	□ 需要 □ 不需要
蛋白质活性检测	一般由客户自己检测
蛋白质再加工	□ 蛋白质复性研究 □ 去除内毒素 □ 过滤除菌 □ 冰冻干燥
进一步质量检测要求	□ N端测序
发货要求	□ 其他缓冲液(_____) □ 冻干(费用和周期相应增加) □ 默认 20mmol/LTris-HCl,pH 7.4 缓冲液
如其他特殊要求请注明	

重组载体质检报告

一、客户信息：

姓名	
电话	
邮箱	
发票抬头	
联系地址	
收货地址	□ 同上 □ 地址有变请寄往：

二、服务项目及交货单：

具体服务内容	确认内容 （√或×）	交付清单	确认内容 （√或×）
设计引物，从克隆载体（或基因组）上扩增目的基因片段		5μg 质粒	
选择/处理载体，并进行目的基因与载体的连接，获得重组载体		含有重组载体的甘油菌	
连接产物转化至感受态细胞，克隆并筛选阳性菌（酶切检测阳性克隆）		重组载体酶切图谱	
测序验证，与基因序列进行比对		测序图谱	
冻存菌种并抽提质粒		基因序列比对文件	

交货单附录

① 重组载体图谱及酶切图谱

② 外源基因测序结果

③ 基因序列比对结果

蛋白质表达质检报告

订单号		蛋白质名称		系统	
收到质粒时间		开始时间		完成时间	
分子克隆完成时间			执行人员		

表达测试								
转化	完成时间			执行人员				
	菌株信息 及入库位置	BL21						
		T7E						
		C41						
		其他						
蛋白质表达	完成时间			执行人员				
	菌株	名称		体积		温度		时间
	培养基成分							
	IPTG 终浓度							
	表达情况							
菌体破碎	完成时间			执行人员				
	超声破碎参数							
蛋白质提取	完成时间			执行人员				
	上样缓冲液							
	洗涤缓冲液							
	洗脱缓冲液							
蛋白质检测	完成时间			执行人员				
	SDS-PAGE 检测情况							
	紫外检测情况							
缓冲液的置换及保藏	完成时间			执行人员				
	缓冲液信息							
	保存信息	编号：		时间：		保存人：		

产品综合报告（以 SARS-CoV-2 中 N 蛋白为例）

① 重组载体图谱及酶切图谱

② 外源基因测序结果

③ 基因序列比对结果

④ 重组蛋白质纯化 SDS-PAGE 图

⑤ 重组蛋白质蛋白质印迹法（Western 杂交）结果

交货单

联系人：		单位：	
联系电话：		邮箱：	
传真：		邮编：	
所在课题组：		课题组负责人：	
联系地址：			
交付结果			
电子报告	①重组载体图谱及酶切图谱 ②外源基因测序结果 ③基因序列比对结果 ④重组蛋白质纯化 SDS-PAGE 图 ⑤重组蛋白质 Western 杂交或质谱结果		
实物交付内容	①4μg 高纯度质粒冻干粉 注意：一般不能直接用于转染细胞，需重新摇菌后用符合要求的试剂盒抽提转染级别的质粒，同时您也可以选择我们公司的转染级别的质粒制备服务 ②一管含有重组载体的固体穿刺菌（默认菌株为 TOP10，具体以样品管壁标签为准） ③1～3mg 蛋白质冻干粉		

ISBN 978-7-122-37449-3

定价：46.00元